U0095364

INTERSUBJECTIVE SELF PSYCHOLOGY

精神分析的新发展

主体间自体心理学

[美] 乔治·哈格曼 [美] 哈里·保罗 [美] 彼得·B. 齐默尔曼 主编

王贺春 译

George Hagman
Harry Paul
Peter B. Zimmermann

GUANGXI NORMAL UNIVERSITY PRESS
广西师范大学出版社
·桂林·

JINGSHEN FENXI DE XIN FAZHAN：ZHUTIJIAN ZITI XINLIXUE

出 品 人：刘春荣　　营销统筹：张 帅
项目统筹：刘汝怡　　营销编辑：陈 曦
责任编辑：刘汝怡　　装帧设计：周伟伟
助理编辑：王晓莹　　责任技编：伍智辉

Intersubjective Self Psychology: A Primer, 1st edition
By George Hagman, Harry Paul, Peter B. Zimmermann / 9781138354548

著作权合同登记号桂图登字：20-2022-220 号

图书在版编目（CIP）数据

精神分析的新发展：主体间自体心理学 /（美）乔治·哈格曼，（美）哈里·保罗，（美）彼得·B.齐默尔曼主编；王贺春译. --桂林：广西师范大学出版社，2023.3
书名原文: Intersubjective Self Psychology A Primer,1st edition
ISBN 978-7-5598-5579-4

Ⅰ. ①精… Ⅱ. ①乔… ②哈… ③彼… ④王… Ⅲ. ①精神分析－普及读物 Ⅳ. ①B84-065

中国版本图书馆 CIP 数据核字（2022）第 221475 号

广西师范大学出版社出版发行
（广西桂林市五里店路 9 号　邮政编码：541004
网址：http://www.bbtpress.com）
出版人：黄轩庄
全国新华书店经销
深圳市精彩印联合印务有限公司印刷
（深圳市光明新区白花洞第一工业区精雅科技园　邮政编码：518108）
开本：880 mm × 1 240 mm　1/32
印张：9.5　　字数：206 千字
2023 年 3 月第 1 版　　2023 年 3 月第 1 次印刷
定价：88.00 元

英文原著作者致读者的一封信

我们是《精神分析的新发展：主体间自体心理学》的主编，非常荣幸这本书能在中国翻译和出版。在过去的几年里，中国的心理咨询师、培训机构和学术中心对自体心理学和主体间理论的兴趣日益浓厚，这让我们备受鼓舞。自体心理学的创始人——海因茨·科胡特（Heinz Kohut）博士会很高兴他的毕生心血可以传授并分享给中国的专业人士，去服务无数需要有效精神分析的病人。我们非常欣喜地看到中国的同行对我们结合主体间理论改进科胡特模型的兴趣日益浓厚。这本书介绍了我们发展出来的新范式，即主体间自体心理学（Intersubjective Self Psychology），或简称ISP。而且这本书也是切实有效的心理动力学临床实践手册。我们很荣幸能够以这样的形式参与在中国蓬勃发展的自体心理学运动。

20 世纪 80 年代后期，彼得和哈里一起创建了纽约的主体间自体心理学培训和研究中心（The Training and Research Institute for Intersubjective Self Psychology，TRISP）。后来，乔治也加入了。TRISP 是第一个致力于自体心理学及其与主体间理论相结合的培训机构。几十年来，这个机构已经培训了几代精神分析师，一些毕业生也已经参与了本书的编撰。

在自体心理学界以及在全世界范围内推广自体心理学的努力之中，TRISP 持续发挥着重要作用。我们目前正在开展长期培训项目，并专注于主体间自体心理学的工作坊和阅读小组。所有这些项目如今都在线开放，以便让来自世界各地的治疗师都有机会了解主体间自体心理学的理论和实践方法。有关学习机会的信息，请访问网站 www.trisp.org。

在中国，人们对自体心理学的兴趣日益增长，这让我们感到振奋。我们希望这本书能够成为中国读者对自体心理学日益高涨的热情的一部分。现在，在中国已经有 6 家机构成为国际精神分析自体心理学协会（the International Association for Psychoanalytic Self Psychology，IAPSP）的成员，北京、上海等城市也开设了多个自体心理学培训项目。我们相信，这本书将为中国读者提供一个清晰易懂的介绍，让她 / 他们了解这种创新的临床工作方法。

我们要感谢北京北佳心理咨询中心的王贺春将本书翻译成中文。此外，我们也要感谢北京北佳心理咨询中心的张静和曲丽对这项工作的支持。感谢北京北佳心理咨询中心的支持，以及他们在自体心理学和主体间自体心理学推广和教学方面所付出的努力。最后，我们要感谢广西师范大学出版社出版这本《精神分析的新发展：主体间自体心理学》。

我们期待与中国同道和中国读者的对话，也衷心希望所有的中国读者都喜欢这本书，并从中获益。

致以最诚挚的问候！

乔治・哈格曼（George Hagman）

哈里・保罗（Harry Paul）

彼得・B. 齐默尔曼（Peter B. Zimmermann）

推荐序

我和《精神分析的新发展：主体间自体心理学》的作者之一乔治·哈格曼（George Hagma）在2016年第一次见面时，他就直接问了我一个关于精神分析模型取向的问题："你是科胡特模型的，还是史托罗楼模型的？"我告诉他："我是科胡特模型的，尽管我对主体间的思想也有接触和考虑。"

乔治·哈格曼提出的这个问题其实反映着当代自体心理学的发展历史。科胡特在1977年创建了自体心理学之后，该学科获得了很大的发展。在科胡特晚年，除了其核心团队的经典自体心理学发展外，史托罗楼（Stolorow）、阿特伍德（Atwood）、布兰德沙夫特（Brandchaft）也先后加入了自体心理学的运动。他们受到了科胡特理论的启发而发展主体间性理论。所以在1980年之后，史托罗楼所倡导的主体间模型成了国际自体心理学最重要的发展之一。而主体间性理论在出现时，也与北美人际关系理论（特别是纽约怀特精神分析研究的史蒂文·米切尔的思想）发生了汇合和交互影响，逐步形成了北美的关系性、关系精神分析思潮。

但问题来了，在国际自体心理学走向主体间理论的壮大时，也引起了对科胡特临床思想价值究竟何在的疑惑。因为经典自体心理学家发现，在自体心理学发展和临床督导中，更多的重点开始转向主体间思想。虽然临床工作的主体交互过程与主体存在的探索的确启发了精神分析的发展和临床的进步，但这种发展是否以牺牲自体心理学创始人科胡特那十分有意义的核心临床发现为代价呢？科胡特所发现的共情－内省、自体、自体客体等临床经验价值是否就此需要被抛弃呢？

在临床督导和临床实践中，不少精神分析家和心理咨询师意识到科胡特的临床发现仍然有许多闪光的地方。比如对共情－内省的运用可以获得对来访者精神现实资料的有效收集，从而进一步促进与来访者临床的同频过程；对科胡特发现的自体客体移情的理解，在许多临床的微妙角度都能够对深刻理解来访者的深入情结有帮助；对自体感的强调终于使得临床工作者明白，对来访者的有效诠释必定是要建立在体验性的分析过程中的……这种在经典自体心理学临床实践、督导和教学中的呈现使得已经开始被大家逐步忘却的科胡特所发现的宝贵临床经验价值得以再次被重视。在这一过程中，国际自体心理学界的同道在近几十年的时间里，开始在临床中探索出一种传统和现代相结合的自体心理学工作方式，即再次扎根于经典自体心理学，同时将主体间的情境性视角运用到当代自体心理学的临床实践中，这就出现了国际自体心理学运动中的新学派——主体间自体心理学学派。当然也有主体间自体心理学取向的咨询师因其注重关系性过程的实践，而将自己归类为北美关系性精神分析运动的重要分子。《精神分析的新发展：主体间自体心理学》就是集中了当代主体间自体心理学中最优秀的临床团队，根据主体间自体心理学理论和实践撰写的当代主体间自体心理学的基础性汇集，同时也是当代主体间自体心理学的重要教材之一。

中国当代自体心理学的发展在2000年前后逐步开始，2012年后逐步发展出越来越受到精神分析圈关注的学派理论。但中国自体心理学的教学、实践、督导、阅读学习，更多还是以经典自体心理学为主，主体间学派、关系性精神分析虽然在2006年就在上海有过工作坊研讨，但这对当时国内自体心理学的发展来说还为时尚早，需要时间。主体间学派思想一直到2014年前后才逐步开始在中国正式传播，至今还处于形成专业发展潮流的过程中。

同时，国内精神分析各派和自体心理学的同道也在疑惑应该如何理解和整合国际自体心理学发展中的主体间理论和关系性精神分析，而本书的翻译引进无疑可以部分回答这一问题。任何事物都处在历史情境的演变过程中，我们需要动态地看待当代自体心理学，而不是局限在某一个历史阶段的执念中。这样，我们其实就开始走入全球性的自体心理学发展运动中，并逐步理解自身的发展，提出新的、有益的、当代或未来的自体心理学创见。

本书中主体间自体心理学学者提出主体间自体心理学的前缘和后缘交叉四类象限及其临床理解的观点，这是自体心理学家运用主体间视角在临床上调谐来访者和分析家之间关系运动珍贵经验的分享，对临床具有很强的指导价值。不过在另一方面，作者对科胡特所领导的经典自体心理学诠释的位置实际是属于自体客体移情位置的理解，恐怕存在一定的误解，他们将经典自体心理学的诠释认为是对自体客体失败后的恐惧诠释，这对科胡特的诠释的理解可能存在一定的偏差（当然这种误解的原因是复杂的）。科胡特的工作其实正是透过对来访者自体客体失败后恐惧的理解，去诠释来访者为什么会恐惧，即自体客体的需求在曾经的情境中是如此合理，因此获得当下分析师的理解、诠释及见证，而重获自体客体的全新联结。而科胡特晚期所说的后缘诠释，更多是指一般分析中对来访者恐惧过程的诠释。我想在这里提出不同的讨论意见，读者也可以自行分辨。而学术的发展就是在多种视角的争鸣中获得。

所以，不论是想了解自体心理学当代发展的同道，还是想入门当代自体心理学的同道，或者是想要了解当代精神分析前沿临床实践的同道，以及对精神分析有兴趣的爱好者，我都推荐读一读本书。

国际精神分析自体心理学协会（IAPSP）会员
中国心理卫生协会文化与心理治疗学组常务理事
华东师范大学心理与认知科学学院（外聘）硕士生导师
徐钧

2022 年 3 月 30 日

译者序

本书的翻译引进源自我对“前缘”的持续关注，记得在《自体心理学导论》(*Self Psychology, An Introduction*)之中，我第一次读到“自体心理学临床实践指导原则之六：关注病人体验的前缘。包括病人的需求、奋斗、期许，以及发展自体和实现自体发展的动机”(英文版第7章，第158页)，便开始了对前缘的“心心念念”与孜孜以求。前缘是什么？怎样应用于实践？一系列好奇层出不穷。所幸皇天不负有心人，2019年我找到了这本《精神分析的新发展：主体间自体心理学》，一读起来便欲罢不能，通宵达旦，醍醐灌顶一般畅快(用前缘–后缘的角度理解，就是作为读者的我的前缘遇到了作者的前缘)！我也曾将此书推荐给北京北佳心理咨询中心的几位同学，她/他们也都反响积极，并鼓励我把这本书翻译出来。全书共13章，分为主体间自体心理学的理论和实践中的应用两大部分。前者涉及共情、移情、治愈之道、前缘和后缘5个主题；后者展现了临床应用，如抑郁、成瘾、夫妻治疗、儿童治疗、性和自杀。

综合下来，这本书的优点有三：

第一，这本书反映了自体心理学领域的最新进展，因本书的英文版出版于2019年，中文版时隔四年出版，可以说是紧追这一领域的发展动向。相对于2005年的《自体心理学导论》（国外出版于2005年）、1986年的《自体心理学理论与实践》（国外出版于1986年），这一次，我们几乎可以说是站在热气腾腾的锅边吃饺子了。

主体间自体心理学代表着自体心理学的新进展。在实践中重新找到经典自体心理学和主体间学派的平衡点，既不激进，也不保守。展现最新发展、紧密结合案例实践、深入浅出是该书的突出特点。例如，本书对“前缘（心理发展需求）”和“后缘（对重复的恐惧）”做出了清晰、全面，而又紧密结合案例的介绍，这是本书的“亮点”。生动而鲜活的案例展现出了自体心理学独特的视角和实践中独特的魅力。

我很喜欢前缘的英文从“forward edge”改成了“leading edge”。“forward edge”确实是“向前的缘”，而与之相对应的“backward edge”被译为“向后的缘”或“后退的缘”，则只有贬义，而无积极意义可言。换成机翼和飞机的前缘（leading edge）与后缘（trailing edge），不管是哪个“缘”，都是可以给整个飞机提供升力的。这个寓意本身就蕴含着希望与力量，也足够内聚和温暖。

第二，既有理论，又有实践。源于实践的真知指导着实践，理论讲得简练，应用讲得接地气。本书的作者都是活跃在实践第一线的分析师/心理治疗师，因此本书不做艰深晦涩的理论考据，风格简约宜人；尤其是兼顾经典自体心理学和主体间学派，折中调和，不走极端。书中每一章都会先做理论发展的梳理，让读者清晰地了解理论发展的过程，随后介绍理论，最后是案例。理论和概念的梳理与回顾，思路清晰、言简意赅；案例与理论结合紧密，可以说是“手把手教学”了。在第 7 章迈克尔的案例中，从他在妻子离世之后的“躺平”开始，从接纳自己的“缺席”开始，在后缘之中发现并培育前缘（他可以在别人面前坚持自己），迈克尔逐渐从瘫在床上的状态和从妻子离世之后的罪疚中坐起来、站起来，开始体育锻炼并参加医院的心脏病防治项目，到自信地说出自己想说的话，迈克尔意识到，当他感觉与一个值得信任的人联系在一起时，他就处于最佳状态了。尽管一开始只是无意识地，但他已经渐渐开始有意识地理解这种深切感觉到的关系的力量。在讨论中，纳入前缘的诠释已经将双方都锚定在分析工作的主体间前缘维度上，并拓宽和深化着咨访关系。

翻译是二次创作，本着主体间交互性的观点，作为译者首先要回答的就是翻译为读者带来了什么的问题。围绕着读者的阅读体验，有如下几点说明：

1. 翻译过程中，在尊重英文原意的基础上，译者更关注译文的可读性和流畅性。比如，在翻译人称代词时，如果重复出现，在第 3 次则直接译出所指代的人或物，以免读者反复回头翻找。同时，也避免产生歧义。

2. 文中在谈及自体客体关系时，用了3个词“connection”“tie”和“bond”。译者理解，这 3 个词的意涵是由浅入深的。“bond”的英文释义就是“strong connection”，似乎是三个词之中关于联系的最强表达，故译为“纽带”；而“tie”

的英文释义则为“thing unite people”；“bond”可以译为“联系、关系”，“tie”作为动词也有“打结”之意——让双方结合得更紧，而不易分开。因此，“selfobject tie”翻译为“自体客体联结”；而“connection”则译为“连接”，可以理解为自体客体关系中最初的，也是比较基础的接触和联系阶段。此词隐含的意思是这个阶段既可以连接上，也可以断开，但是到“联结”（tie）的状态下，就不易断开了。三者的共同之处都是表达“联系”之意，因此当原文不要求细致区分以上三个词的词义时，或者避免用词重复时，多译为“联系”。

3. 有些词的翻译可能会有个人习惯色彩，比如说“patient”既可以译为病人，也可以译为患者，书中统一译为“病人”。“selfobject need”译为自体客体需求，相对于自体客体需要，更强调主观感受。“cohesion/cohesive”译为“内聚 / 内聚的”，相对于统整，更强调主观体验。“twinship”可以译为密友、孪生和另我，本书中统一译为“密友”。原文中也有此类现象，比如说有时指心理治疗师或分析师会用“she/her”（她 / 她的），指病人常用“he/his”（他 / 他的）。翻译时会译为“治疗师”或“病人”，以免读者费劲地到上文中找“she/he”具体指的是谁。

4. 在翻译过程中，尽量避免使用具有特殊含义的词汇，以免引起“歧义”。例如，focus 译为“关注”而不是“聚焦”。与此同时，译文中也尽量避免使用过多精神分析的术语。

5. 文中“selfobject”有时指具体的人，这是20世纪80年代以前的认识。现在，自体客体不再指具体的人，而是做形容词，与体验等词汇连用。

一本书的出版是一个系统工程，需要来自方方面面的支持才能最终促成。感谢的名单会很长很长。感谢徐钧老师百忙之中拨冗撰写序言，而且对于关键词汇的翻译也有很好的建议。感谢英文版主编乔治·哈格曼、彼得·B. 齐默尔曼和哈里·保罗为中文版特意撰写了序言。感谢促成此书引进并顺利出版的刘汝怡、赵永久，感谢王晓莹编辑的细致工作和支持。感谢北京北佳心理咨询中心的同道和同学们（尤其是大自体班的同学们），在与曲丽、胡君匋、邹柳的讨论中，我获益良多。最后，也是最重要的，感谢家人的支持，没有他们的鼓励，我无论如何也不能完成这本书的翻译工作。

翻译是二传手，在这个意义上，这本书的翻译只是“半成品”，更多、更精彩的内容有待各位读者的参与和贡献，包括：把书中的内容应用于实践中的个案，用于生活和工作中的心得与感悟，还有对书中内容的批评指正，等等。

本书理论与实践紧密结合，对于心理咨询师和心理治疗师来说，它无疑会是一部宝典，会对工作起到事半功倍的效果，可谓“他山之石，可以攻玉”。这本书没有艰深的理论，正所谓大道至简。真切、生动的案例故事，对于心理学爱好者来说也会有所启发、有所帮助。

在序言末尾，我很想寻找一段文字来表达翻译过程的体验。

一个偶然的机会，我遇到诗人邬霞的诗句：“我手握电熨斗 / 聚集我所有的手温 / 我要先把吊带熨平 / 挂在你肩上不会勒疼你 /……我要把每个皱褶的宽度熨得都相等 / 让你在湖边或者草坪上 / 等待风吹 / 你也可以奔跑但 / 一定要让裙裾飘起来带着弧度 / 像花儿一样 /……陌生的姑娘 / 我爱你。”

北京大学神经科学博士

国际精神分析自体心理学协会（IAPSP）会员

资深自体心理学取向咨询师

王贺春

2022 年 4 月

目录

CONTENTS

下篇 | 实践中的应用

主体间自体心理学简介

本书提供了有关主体间自体心理学理论及其临床应用的全面介绍。读者将深入了解过去半个世纪中最贴近临床的一种精神分析理论，以及主体间性理论的最新发现和发展。最重要的是，本书详细介绍了主体间自体心理学的治疗原则，以及它们在各种临床情况和诊断类别——如成瘾、哀悼、儿童治疗、夫妻治疗、性相关障碍、自杀和其他严重病例中的应用。这个有用的临床工具将支持和指导相关从业者每天的心理治疗工作。

本书保留了科胡特对自体体验和自体客体体验的重视，将治疗情境定义为分析师和病人之间的双向互动场，双方必不可少又令人害怕的自体客体体验在此交汇。通过对主体间自体心理学（ISP）模式严格缜密的应用，每一章都清楚展示了复杂的动态变化。在这个主体间场中，病人和分析师 / 治疗师的自体体验和自体客体体验都能得以舒展和保持。主体间自体心理学的视角让治疗师专注于病人的优势，被称为前缘，同时也不会忽视对重复性移情，或者说后缘的工作。这种双重关注使主体间自体心理学成为转变和成长的强大动力。

主体间自体心理学为人的心理提供了一个统一而全面的模型，

其具体的实际应用为临床（咨询）带来了新知和强大的疗效。本书为世界各地的精神分析师和心理动力学治疗师提供了非常有用的资源。

主编与作者简介

主编简介：

乔治·哈格曼（George Hagman），注册临床社工，是一名临床社会工作者和精神分析师，在纽约市和康涅狄格州的斯坦福德私人执业。他是主体间自体心理学培训和研究中心以及韦斯特切斯特精神分析和心理治疗研究中心的成员和教师。已发表多篇关于精神分析、自体心理学、艺术、丧失主题的论文和专著。

哈里·保罗（Harry Paul），博士，是一位在纽约市和查巴克（Chappaqua）私人执业的临床心理学家。他是主体间自体心理学培训和研究中心（the Training and Research Institute in Intersubjective Self Psychology，TRISP）的创始成员、前任主席、理事会理事、教师、督导师和训导分析师，是《成瘾的自体心理学及其治疗》一书的合著者，并撰写了大量关于自体心理学及其治疗过程的论文。

彼得·B. 齐默尔曼（Peter B. Zimmermann）拥有瑞士伯尔尼大学的博士学位。他是主体间自体心理学培训和研究中心（TRISP）的创始成员、理事会理事、教师、训导分析师和督导师；同时也是美国国家精神分析心理协会培训中心（the National Psychological Association for Psychoanalysis，NPAP）的现任主席、资深教师、督导师和训导分析师。

作者简介：

劳拉·迪安吉罗（Laura D'Angelo），神学硕士，机构的有限责任合伙人，是纽约市的一名精神分析师。她是主体间自体心理学研究院、美国国家心理分析协会和哈莱姆家庭研究所的成员。在那里，她作为训导分析师从事教学和督导工作。在她之前的职业生涯中，她曾是在全国性杂志、报纸和学术期刊享有盛誉的记者。

乔治·哈格曼（George Hagman），注册临床社工，是一名临床社会工作者和精神分析师，在纽约市和康涅狄格州的斯坦福德私人执业。他是主体间自体心理学培训和研究小组以及韦斯特切斯特精神分析和心理治疗研究中心的成员和教师。已发表多篇关于精神分析、自体心理学、艺术、丧失主题的论文和专著。

南希·希克斯（Nancy Hicks），心理学博士，在新泽西州的梅塔钦（Metuchen）和纽约私人执业。她毕业于自体心理学培训和研究中心，目前在新泽西州的心理治疗和精神分析中心、新泽西州夫妻治疗培训项目工作。

路易莎·利文斯顿（Louisa Livingston），博士，是纽约市私人执业的心理学家。在来到纽约市之前，她曾在美国的许多地方生活过。她喜欢听20世纪60年代的音乐、打网球和放松。从1998

年到2009年，她发表了7篇文章，专注于来自个体和团体临床工作的治疗过程；其中两篇文章是与她的丈夫马蒂·利文斯顿（Marty Livingston）合著的。

哈里·保罗（Harry Paul），博士，是一位在纽约市和查巴克（Chappaqua）私人执业的临床心理学家。他是主体间自体心理学培训和研究中心（TRISP）的创始成员、前任主席、理事会理事、教师、督导师和训导分析师，是《成瘾的自体心理学及其治疗》一书的合著者，并撰写了大量关于自体心理学及其治疗过程的论文。

戈登·鲍威尔（Gordon Powell），注册临床社工，是曼哈顿私人执业的精神分析师。他在曼哈顿的当代心理治疗研究所（ICP）和精神分析心理治疗研究中心（PPSC）任教和督导。他是ICP的一个分支——性别与性心理治疗中心（PCGS）的执行委员会成员。

阿维娃·罗德（Aviva Rohde）博士是主体间自体心理学培训与研究基金会的高级教师。作为一名心理学家和精神分析师，她在纽约市私人执业，为成人、青少年和夫妻提供治疗。

凯伦·罗泽（Karen Roser），心理学博士，拥有纽约大学的学校心理学[1]博士学位。她是主体间自体心理学培训和研究中心

---

① 心理学的应用分支，是心理学与学校教育实践相结合的结果，是心理学应用和服务于中小学校的具体表现。该学科主要研究如何在学校中进行必要的心理教育评估，以及有了评估结果之后如何进行适当的心理教育干预。（若无特殊说明，本书脚注皆为编辑注）

（TRISP）的毕业生、教师和督导师。在曼哈顿私人执业，从事青少年、成年人、父母和夫妻相关问题的咨询工作。

苏珊娜·M. 威尔（Susanne M. Weil），注册临床社工，是一名在康涅狄格州斯坦福德执业的精神分析师。她在纽约市的自体心理学培训研究中心接受培训。除了教学和督导外，她还积极参与社区工作，是当地医院的生物伦理委员会成员，并为社区组织的领导力问题提供咨询。

彼得·B. 齐默尔曼（Peter B. Zimmermann）拥有瑞士伯尔尼大学的博士学位。他是主体间自体心理学培训和研究中心（TRISP）的创始成员、理事会理事、教师、训导分析师和督导师；同时也是美国国家精神分析心理协会培训中心（NPAP）的现任主席、资深教师、督导师和训导分析师。

前言

本书是对现代精神分析中最通用和最有用的模型之一的理论和临床实践的介绍。主体间自体心理学将自体心理学的核心思想与主体间性理论完全整合到了一个综合框架之中。为临床医生理解和治疗病人、参与分析师与病人的二元互动场、进行创造性的社交互动提供了工具。最重要的是，主体间自体心理学的观点阐明了精神分析关系的基本动力学。

本书的作者都是临床分析师，在过去的 30 年里共同发展了主体间自体心理学模式，这在临床实践中发挥了巨大的治疗作用，通过临床实践的反复尝试和试错，通过我们之间的深入对话，提炼出了许多核心概念。我们曾作为 TRISP 和其他几家精神分析培训机构的教师教授过这种模式，培训了数十名心理动力学治疗师和精神分析师候选人。他们都成了卓有成效的临床（心理）医生。我们正是出于分享我们的知识和临床经验的目的写了这本书。

在二十世纪七八十年代，海因茨·科胡特对精神分析进行了重大修改。一系列著作阐述了他所谓的自体心理学的基本原则，而且科胡特也引发了一场运动，一个致力于完善、应用和推广他的精神分析新思想的新群体应运而生。自体心理学的核心概念是自体的概念和自体客体移情。科胡特发现，人们为了发展自体或自体体验，需要关照环境以提供某些体验：镜映验证、理想化和密友自体客体体验。弗洛伊德和传统精神分析坚持认为，病人会把分析师当作他们投射内部冲突的对象。而科胡特认识到，不仅如此，病人还需要分析师帮助他们执行以前未完成的发展功能（即自体客体功能），在脱离正常轨道的地方恢复自体发展。这种对情绪发展的理解导致了精神分析治疗实践方式的根本转变。

在二十世纪九十年代，罗伯特·史托罗楼和乔治·阿特伍德认为，传统精神分析模型把人的心灵看作是孤立的、个人的，而这是不准确的，也是具有误导性的。他们提出了另一种理论：主体间性理论。理解人类的心理生活，不可分割地根植于人们所感受到的人与人之间的互动。因此，史托罗楼和阿特伍德认为，所有的心理现象，从健康的情绪到最严重的情绪障碍，都只能在它们所发生的主体间背景中去理解。他们将精神分析情境概念化为一个“主体间场”，由病人和分析师组织不同的体验世界所构成（Stolorow, Atwood & Brandchaft, 1987）。病人和分析师的主体间场参与最深层的人际互动，进而提供了成长和转变的机会。

当史托罗楼和阿特伍德加入自体心理学运动后，他们试图建立一个统一的模型，这个模型建立在主体间理论和自体心理学的原则之上。然而随着时间的推移，主体间性理论放弃了自体心理学的核心临床思想，特别是自体客体移情，而是演变成了主体间系统理论。而自体心理学继续关注自体经验的变迁，逐渐使科胡特的许多思想适应了关系精神分析的新视角。

话虽如此，本书的作者们仍然在继续进行重要的整合工作，将自体心理学的关键临床概念与主体间性理论的基本理论洞见相结合、发展出主体间自体心理学。我们已经展示了两种模式之间的完美兼容性，以及其如何增进了对方的理解和临床效果，进而我们可以发展出高效临床实践新平台的想法。而且主体间自体心理学对这两种理论进行了重要的临床补充，提出心理成长和发展不仅发生在分析自体客体联系破裂之时（正如科胡特最初概念化的那样），促进新生的心理健康也可以通过正在进行的和持续的自体客体联结本身，以及对前缘的诠释和理解来获得。也就是说，持续的自体客体联结本身就是有治疗作用的。临床医生按照主体间自体心理学模式调谐式的参与，或与病人讨论和探索促进新生的前缘，也会促进心理结构的新生和巩固。在治疗过程中，当谈到前缘及其作用时，病人既不会感到羞耻，也不会体验到分析师把病人的进步归功于自己；治疗的重点放在两者之间的互动过程上，分析师和病人之间的健康联系也得到重视。

这是一本入门书，以综合的、实用的、相对易于掌握的方式介绍了主体间自体心理学，对刚开始工作的临床医生（心理治疗师或心理咨询师）会非常有用。主体间自体心理学的关键概念是：主体间场、自体客体、重复性移情，以及后缘和前缘。然而，主体间自体心理学模式的潇洒掩盖了它能够灵活理解和治疗各种各样的临床情况。更资深、经验更丰富的临床医生也将在本书中找到一种对重要的精神分析模式的清晰介绍，一种提高和赋能精神分析实践的视角。

换句话说，尽管主体间自体心理学是心理治疗实践和人际关系的精炼模式，但它也是实用且有效的，充满了读者可以很容易地将其应用到自己的治疗实践中的临床概念和想法。

以下是本书结构的概述。总的来说，我们将本书设计为导论，旨在让读者对主体间自体心理学的理论和实践有一个基本的了解。本书不是学术著作，而是临床指南。如果读者希望对主体间自体心理学的理论基础进行更广泛和更深入的讨论，我们也向您推荐了参考文献。在本书中，我们做了适当的文献综述，以便把我们的想法放在前辈贡献和理论发展的来龙去脉中。每一章都条理清晰地总结了主体间自体心理学中某个领域的理论，加之以深入的临床案例；除介绍性章节外，全书均采用这种模式。我们希望这是一种具有工具性质的方式，易于读者应用到自身日常心理治疗实践之中。本书首先介绍了主体间自体心理学的理论，由多位作者共同编写：先回顾了一下历史，随后讨论了自体心理学和主体间性理论，它们的整合构成了主体间自体心理学。第 2 章（由凯伦·罗泽和阿维娃·罗德共同撰写）探讨了共情在主体间自体心理学中的作用。共情是一种理解的方式，也是成长和疗愈之源。第 3 章（也由凯伦和阿维娃共同撰写）讨论了移情的复杂性，从主体间自体心理学去看移情的多个维度和功能。第 4 章（由彼得·B. 齐默尔曼撰写）是对主体间自体心理学治疗作用理论的扩展讨论。第 5 章（由阿维娃·罗德撰写）介绍了一个涉及面很广的案例，展示了如何将第 4 章的想法应用于临床实践。第 6 章（由乔治·哈格曼和苏珊娜·威尔共同撰写）涉及主体间自体心理学所说的“后缘”工作，这意味着应对可能会阻碍治疗进展的重复性的恐惧和防御。紧随其后的第 7 章（由哈里·保罗、彼得·B. 齐默尔曼和乔治·哈格曼共同撰写）讨论了“前缘”工作，即移情中促进发展、构成治疗变化驱动因素的方面。在这些导论性章节之后，是关于将主体间自体心理学应用于各种临床挑战的章节：

忧郁和抑郁症（彼得·B. 齐默尔曼）、成瘾（哈里·保罗）、儿童治疗（凯伦·罗泽）、夫妻治疗（南希·希克斯和路易莎·利文斯顿）、关于性的话题（戈登·鲍威尔），以及对一名想要自杀的病人的治疗（劳拉·迪安吉罗）。

在编写过程中，我们选择深入研究一些主体间自体心理学基本的、具有临床实用性的想法。这是本书设计的一个重要部分：向读者介绍主体间自体心理学的一些关键概念，然后详细阐述这些概念在相关主题上的应用，例如移情、自体客体转移、治疗作用、抑郁、成瘾等。正如你将看到的，我们一次又一次地回到这些基本概念——主体间场、建设性移情和重复性移情、前缘和后缘——每次不仅从作者的角度来看待它们，也展示它们如何应用于临床实践的各个领域。事实上，我们相信这本书的真正价值在于，通过列举大量、详细的临床实例阐明了主体间自体心理学的核心思想。我们希望，通过采用这种方法，读者将越来越了解主体间自体心理学的概念、把它们更为有效地应用于心理治疗实践当中，以提高临床疗效。最后，我们希望这本书能鼓励读者使用主体间自体心理学的视角，以一种新的方式思考自己在临床过程中的角色，领会主体间场的丰富复杂性。

最后，编辑和作者们保证，在本书的所有病例报告中，对病人和所有其他人员的身份都做了特殊处理。有些是综合报告，将不同的人的细节结合起来，但这些也是经过了处理的。一些情况下，病人已经审查并批准了病例报告，且报告以匿名的方式编写。本书的作者是一些在纽约都会区执业的资深精神分析师，他们都隶属于主体间自体心理学基金会的培训与研究中心（TRISP），要么是那里的毕业生，要么是那里的教师。在过去的30年里，就主体间自体心理学的核心概念和临床应用模式，他们进行了合作、讨论、督导和咨询。作为正在进行的TRISP系列研讨会的讲师，他们都积极参与了主体间自体心理学模式的精细打磨、完善和推广。本书标志着这些分析师第一次尝试将主体间自体心理学的基本概念汇集成书，以简明、清晰且实用的导论性读物的形式与读者进行交流。

乔治·哈格曼

哈里·保罗

彼得·B. 齐默尔曼

上篇

主体间自体心理学的理论与实践

第一章

主体间自体心理学导论

彼得·齐默尔曼，哈里·保罗，阿维娃·罗德，凯伦·罗泽，
戈登·鲍威尔，路易莎·利文斯顿和乔治·哈格曼

* * *

在本章中，我们将介绍主体间自体心理学（Intersubjective Self Psychology，ISP）的基本概念，它结合了海因茨·科胡特自体心理学（Kohut，1971，1977，1984）的核心概念，以及罗伯特·史托罗楼与乔治·阿特伍德的主体间性理论（Stolorow & Atwood，1992；Stolorow，1997）。基于这些理论，我们创建了一个新的、内聚的心理和治疗模式。它超越了以上两种理论，我们称之为主体间自体心理学，或ISP。我们相信主体间自体心理学为心理治疗实践提供了一个方向，它认识到并促进了心理治疗中（病人）向前的发展（前缘），并修通重复模式（后缘）。所有这些，都对人类体验相互依存的本质有着深刻的理解。

自体心理学

主体间自体心理学和自体心理学共同的基本思想是什么？

自体心理学的核心是自体的概念。“自体”是一种理论上的抽象概念，代表着我们每个人对自己的一系列复杂体验和幻想，以及我们所意识到和所感觉到的自己是谁。这些体验和幻想是根据重要的信念、感受、记忆和价值观模式组织起来的。这些关于自己的认知和情感概念，构成了我们的存在感和同他人共在感的体验和动机中心。理想情况下，构成自体的这些各种各样的体验被组织成一个有内聚力的整体，但不是固定不变的或僵化的；相反，它们是新兴的和流动的。生命活力、统整性、连续性和个人主动性的这些体验，是我们的体验中心和自体感的本质特征。自体感高度依赖并嵌入在关系网络之中。

自体心理学分析师倾听和探索的基本立场，是对病人体验的共情性沉浸。共情被海因茨·科胡特定义为很著名的“替代性内省”（Kohut，2010）。换句话说，共情经常是一个困难且缓慢的过程，让自己尽可能充分地融入另一个人的主观体验之中，去感受和思考。因此，共情也就是从他人的参照系来理解他人。

科胡特后来扩展了对共情的理解，并将共情视为探索另一个人体验的一种方式，也是一种与另一个人建立联系的方式。作为一种探索方式，在分析关系中形成的共享的心理场中，随着病人的体验世界舒展开，分析师试图从病人的体验世界内部去理解病人的体验。作为一种联系的形式，分析师的共情表达了对病人真切生活体验的重视，并将其视为即使不总是被宽恕的，也是可以被理解的，从而从根本上接纳它。分析师致力于把共情作为一种探索模式，作为与病人建立联系的一种方式，为整个分析奠定基础。

科胡特发现，自体的发展和健康自体的持续体验，不仅取决于其童年时的照护者和整个生命中重要的其他人的富有情感的回应，而且，自体发展依赖于将他人体验作为自体的一部分。自体也依赖对他人情感的可获得性，以便执行必要的发展功能和任务。科胡特提出了三条具体的发展线，自体的发展可以在这三条发展线上得以成功展开。科胡特把它们称为镜映、理想化和密友体验（Kohut，1971，1977，1984）。

在镜映发展线中，我们期待别人真正地了解并准确地看到自己。在古老的镜映体验中，我们感觉受到钦佩，并成为别人崇拜的对象。在更成熟的镜映体验中，我们感到被认可和重视，因为我们知道自己是谁。成功的镜映体验有助于形成内聚的、可靠的和现实的自尊，以及坚固的自我价值感。

在理想化的发展路线中，我们寻求与某个我们认为镇定、强大和睿智的人融合。这样的人也是一个愿意为我们提供保护和指引的人。与理想化他人的成功融合，提供了抚慰人心的机会，从而产生了可靠的情感调节能力。

最后，在密友发展路线中，我们希望在他人身上找到相似的体验，一种共享的相似感，这会导致自体体验的巩固。我们寻求在他人身上认识自己，也渴望他人在我们身上认识他们自己。密友关系为共同人性的感觉奠定了基础，一种“在人群之中成为人”的感觉。

在所有三条发展路线中——相应的关系体验，促进发展出内聚的自体感——他人被体验为自体的一部分，并维持着自体的基本功能。由于这些原因，科胡特将这些关系称为自体客体关系（Kohut，1971，1977，1984）。自体客体体验是人类的基本需求，类似于人类对空气和水的需求。就像植物朝向阳光生长一样，人类努力寻找能够提供自体客体体验的关系，进而产生和维持自体发展，使以前停滞的发展得以恢复。因此，这些体验无处不在，如果有一个能给予积极回应的人，体验就会自发地出现。

因为科胡特相信，存在着能够情感谐调的他人，是人类的基本需求。情感谐调的人，指的是那些在整个生命周期中，提供自体客体体验机会的人。科胡特找到了大多数人类痛苦的根源，即缺乏可靠的、情绪谐调的他人，并且/或存在情绪不谐调的其他人，这会导致无法从他人那里找到持续的、谐调的自体客体体验。缺乏能够共情的他人，会导致没办法发展出有足够活力的、内聚的和连续的自体感。缺乏必要的响应，再加上儿童固有的脆弱性，为心理、情绪和/或行为障碍奠定了基础。形成期的自体客体失败，要么是长期的，要么是创伤性的，都会导致自体结构和其他心理结构的僵化，情感的伤疤会以特定的性格形成和人格障碍表现出来。反过来，当一个共情而又情感谐调的人出现，一个可靠的自体客体体验有机会恢复时，心理和情感的疗愈是可能发生的。这种心理发展的理论，是所有形式的自体心理治疗的基础（Kohut，1984）。

科胡特认识到，自体客体联结是在与分析师的联系中舒展开来的，他将其称为自体客体移情。在为自体发展服务的分析中，自体客体移情是关系路径，并在分析中得以建立和促进。科胡特确定了三种自体发展的路线，在分析情境中以特定的移情形式出现。在镜映移情中，病人寻求持续的肯定和确认体验，从而产生积极的自尊和自主感。在理想化移情中，病人寻求一种与能感受到力量和情感可靠性的分析师的融合体验，希望镇定下来并被抚慰。在密友移情中，病人寻求与心理分析师本质上相似的体验，并欣赏分析师感觉到的那种与自己的相似。这产生了一种共享人性的感觉，从而肯定了病人对自己的认识。当病人的自体客体需求出现，且分析师对其做出了恰当的回应时，就会发生自体体验的恢复、巩固和结构化，自体感就会得以舒展和巩固。

科胡特明白，对自体和他人感受的体验——或自体客体幻想[1]——构成了心理生活的基石。这些自体客体幻想是在生命开始时建立的，构成了自体感和所有关系的模板。随着时间的推移，在与照护者和与他人的互动中，这些幻想被修改，并逐渐转变为越来越成熟、适应性更强、增强自尊的自体和他人概念。与上述自体客体主题一致，科胡特认为在这些自体所发展的幻想中，最重要的是夸大自体的幻想，理想化父母影像的幻想以及密友移情中的密友幻想。

在最古老的形式中，夸大自体描述了一种自体体验，其中的完美归因于自己，而所有的不完美都归因于他人。同样，理想化父母影像的最古老的形式就是认为对方是完美的，自体只有在与对方融合时才是完美的。密友的最古老形式是对一个完全相同的人的幻想。

所有这三种自体客体幻想都经历了类似的发展过程。在与共情的、情感谐调的照护者的互动中，这些自体客体的幻想，会在适当的年龄阶段逐渐发展并转变，以适应眼前日益复杂的现实。这些转变后的幻想，随后成为成熟的自尊（镜映）、一种可靠的自我抚慰能力（理想化），以及感受到自己是人群中一员的坚实感

（密友）的基础。然而，在没有（情感）谐调的照护者的情况下，或者在面临与照护者创伤性的关系破裂时，孩子仍会保留着这些早期、古老的幻想。在这种情况下，这些幻想会干扰健康和强大的自体感的发展。在这个意义上，如果一个人的内心仍然以对自体和他人的古老幻想为中心，他或她会挣扎在脆弱中，并且容易产生（自体）崩解和/或耗尽的感觉。防御行为会被用来维持没有完全发展好的自体感，并避免因预期的（情感）谐调失败，或由被需要的他人造成的创伤性失望而导致（自体）崩解。

科胡特还发现，在治疗中，病人常常害怕随着自体客体需求的出现而产生的脆弱感和潜在的重复创伤的感觉。病人可能会担心情感上的亲密和与分析师相关的自体客体需求的重新激活，会导致痛苦和童年体验的重复。体验过严重的自体客体失败或由照护者造成的破坏性失调的病人，可能会通过否认、贬低、偏转或以其他方式抵消与分析师的情感连接的心理和行为策略来保护自己免受再度创伤。病人采用这些防御策略来保护脆弱的自体，免受与分析师之间关系可能产生的伤害。

在持续的、支持性的、共情的关系中，如果分析师就病人的恐惧及与之相关的自我保护的努力，向病人提供贴近体验的、有用的诠释，病人就可能会开始感到足够安全，进而有可能冒险与分析师一起，重新激活自体客体的渴望和需求。在这种意义上，对防御的诠释服务于自体客体移情的恢复和发展。

主体间性

主体间性理论的基本思想

主体间性理论的核心思想是所有心理活动都依赖于基本背景（Stolorow 等，1987；Stolorow & Atwood，1992）。史托罗楼和他的同事认为，心理现象通常不能脱离主体间的背景来理解。主体间背景指的是由一个人的心理世界与另一个人的心理世界，以及整个世界的交汇所产生的心理场。主体间性理论的临床意义是心理健康和心理障碍都起源于它们所在的主体间背景，并被主体间背景所左右。

换句话说，一个人的自体体验在任何时候都取决并依赖于特定的主体间背景。在这些背景里，自体体验得以形成和维持（或不维持）。情感状态和自体状态是否连接，以及其谐调性、响应性，是自体体验发展和巩固的基础。这些体验根据定义都是主体间的[2]。

这种背景被称为主体间场（Atwood & Stolorow，1984），在童年时期，通过儿童和照护者的主体性交汇而形成。儿童的主体性脆弱，且还在不断发展，而照护者的主体性则更加成熟，发展得较好（希望如此）。任何两个人或更多人的相互接触都会构成一个特定的主体间场。在这个主体间场中，每个人的自体体验得以形成，这取决于主观参考框架，即个人世界，其也被纳入了主体间场，对体验加以组织。

主体性的概念，包括对自己和他人的全部感觉、信念、幻想、记忆和想法。这包括了潜意识维度，可能从来不需要有意识的意识（Stolorow & Atwood，1992），但却构成了阿特伍德和史托罗楼（1984）所说的“核心组织原则”——一个人最基本的信念。另一方面，为了安全起见，主体性的一些潜意识方面可能已被从意识中消除、隔离了，因为其所涉及的情感和自体状态被体验成了威胁——一种对心理健康、自体体验内聚力、和/或与重要他人所必需的联系的威胁。主体性的这一维度在传统上被称为动力性潜意识。主体间性理论认为，动力性潜意识包括防御性隔离任何对自体构成威胁的感受或幻想。不仅仅是因为感受或幻想本身的内容，更是因为它们所构成的威胁。

正如我们将在本书中所展示的那样，主体间场的概念以及存在于人们交往的主观世界中主体间场的意识和潜意识的决定因素，是我们理解心理治疗的基础。心理治疗是一个主体间场，病人和治疗师的精神生活在其中相遇，并相互影响。这个过程的核心是，在逐渐舒展的疗愈性和相互作用的过程中，病人主体性的无意识维度被表达和转变的方式。鉴于此，我们现在回到自体心理学，在主体间心理治疗场之中，正是自体体验和自体客体需求的变迁，表现为病人的害怕和恐惧，以及他或她的渴望和希望，创造了治疗性变化的机遇。

主体间自体心理学

什么是主体间自体心理学?

通过整合科胡特的自体理论与史托罗楼的主体间性理论，我们得以摒弃孤立的主观体验概念，并支持主观世界的丰富性与复杂性。这种主观世界是相互影响且持续互动的，是你中有我、我中有你的。总之，这两种理论不仅增进了我们对以关系为背景的所有心理生活的认识，而且也提供了一个强大的治疗工具。自体所处的主体间关系环境也决定自体发展的概念，完美地满足了分析情境作为主体间场的理论。主体间场由病人和分析师的体验世界交汇而成。结果是在分析情境中，我们不是孤立地处理病人的体验；相反，分析师感受到的互动会影响到病人的体验，而且体验会随着互动的发展而变化；同样，我们一直在处理分析师的体验，因为它是由与特定病人所感受到的互动共同决定的。因此，（精神）分析情境被概念化为一个相互影响的主体间场，由病人和分析师二者的体验世界交汇而成。

通过整合自体心理学与主体间性理论，我们致力于支持科胡特关于自体发展的认识，尤其是自体客体移情。我们也致力于支持史托罗楼关于治疗情境的认识，尤其是主体间场互相影响的本质，这意味着对病人适用的道理对分析师也适用。换句话说，病人和分析师情感世界的总和构成了分析情境；主体间场是双向的，由病人和分析师各自情感世界交汇的具体情形所共同决定。这既包括分析师的自体客体需求的出现和表达，也包括病人自体客体需求的出现和表达。

因为这两种理论都相信共情是分析师的观察方法，所以我们致力于从病人的角度、从病人体验世界的内部，探索其在主体间场的体验。但是，基于主体间性理论，我们理解到共情不能被视为公平的或客观的。病人的体验是由病人和分析师的主体性之间所感受到的互动来持续决定的。反之亦然：分析师的体验也是由感受到的、与病人主体性的交互影响所共同决定的。因此，从主体间自体心理学的视角来看，分析师的共情不仅仅是感受自己进入病人的体验。相反，共情就是沉浸在复杂而丰富的、分析师与病人相互交织的主观体验之中，沉浸在这些体验为每一方所假定的意义之中。这些也反过来塑造着每个人如何回应对方。正是这种相互影响的复杂场构成了主体间环境，也成了分析探索的对象。

科胡特发现，自体客体移情是所有人际关系中持久且可识别的主题。因此我们认为在所有治疗中，主体间场从根本上是由病人和分析师的自体客体移情交汇而成的。所有促进发展的关系模式的总和（其中最重要的是自体客体移情）都可以归类为前缘（Tolpin，2002）。

另一方面，自体障碍的特征是与可能出现自体客体移情相关的焦虑，也是与害怕创伤重复和其他自体客体失败伴随的脆弱。这些恐惧、焦虑和害怕导致了病人和分析师的重复性移情模式，重复性移情的交汇同样塑造着主体间场。所有重复的关系模式的总和，包括重复性移情，都源自创伤的体验和自体客体（关系）的破裂，可以归类为后缘（Tolpin，2002）。

前缘和后缘描述了一对重要的概念，它们是主体间场的核心：希望与恐惧。前缘表达了一个人的希望，以及其他进步的元素。后缘隐藏着一个人的害怕，以及那些有助于维持现状的恐惧。总之，前缘和后缘的概念充分体现了希望和恐惧是如何组织和激发移情的相反方面的。主体间自体心理学是表达这种对偶的完美媒介。一方面，专注于共享心理场的发展，在心理场中，自体客体移情和病人情感世界的前缘被允许舒展开来，并蓬勃发展。另一方面，心理场中的重复性移情，或者说后缘，被详细阐述和修通。为什么前缘或后缘会成为工作的焦点，这取决于在任何给定的时间点上什么主题是突出的。

病人和分析师都体验着成对的希望和恐惧（Mitchell，1993；Bacal & Thomson，1996）。因此，每个人都会把自己的前缘和后缘带到分析情境里。下面是一个例子：分析师的共情和调谐虽然反映了分析师的前缘，但可能会激发病人的渴望和需求，也就是病人新生的前缘。矛盾的是，这也可能会加强病人对后缘的保护，以免遭受拒绝和抛弃，导致回避和“阻抗”。然后，病人的移情表现会激活分析师对拒绝和失败的恐惧，导致她的情感退缩或情感隔离，即分析师的后缘。当病人感觉到这一点时，他对被抛弃的期望就更确定了，因此需要加倍防御和加强自我保护措施。分析师开始意识到，病人的态度是怎样唤起她那些被抑郁的母亲拒绝的旧日体验。分析师还感觉到，病人需要保护自己免受父母的虐待。分析师和病人就是以这种方式沿着后缘一直走下去。分析师的理解有助于自己对病人的自我防御需求更加感同身受，也表明分析师的前缘已经到了最前沿。分析师将她认为的病人可能的感受，以及病人寻求自我保护的合理性，用语言表达了出来，病人开始感到被理解且安全。当他感到联系更加紧密时，他的前缘就被激活了，与此同时，他的恐惧也被承认了，但他却并不感到羞耻。分析师和病人的前缘渐渐试探性地形成了协调一致，希望的萌芽伸展开来，加强了谐调感。

主体间自体心理学的目标是在分析情境的主体间场中展开和发展病人的前缘。正是因为在移情的前缘，病人对自体客体体验的希望是最为强烈的，重新发展的相关动机也最为迫切。

与分析师前缘的接触进一步促进了病人前缘创新能力的展开。例如，如果当病人寻求并发现自体拓展被镜映的自体客体移情体验时，分析师与此同时会体验到病人的幸福感，并感觉到自己也被镜映了，那么主体间场内共同决定的自体客体移情就会促进病人健康的自体感。这同样适用于理想化移情和密友移情。它们中的每一个都可能是病人和分析师前缘的中心主题。病人和分析师前缘的同步构成了成长和创造性改变的动力基础。

话虽如此，但主体间自体心理学认识到了希望和恐惧是辩证地联系在一起的。恐惧中包含着希望，而希望中也包含着恐惧。在前缘和后缘的语言中，前缘总是会唤醒后缘主题，就像前缘的内核嵌入在后缘中一样。换句话说，在许多病人的体验中，希望往往会导致失败和伤害。分析师为渴望已久的自体客体纽带提供机会将不可避免地激活旧时的恐惧。同时，后缘的激活增强了与满足自体客体需求有关的修复和恢复的愿望。这种辩证关系对分析师也适用。它展现了可能出现在分析关系中的无限组合。分析师试图摸索进入和通过复杂的、不断变化且变化无常的心理和情感的对立统一体。正是前缘和后缘之间的辩证关系所固有的张力（希望与恐惧联系在一起并彼此限制，使我们保持安全）既造成了痛苦，却又是病人的主要动力。然而，正是这种张力为分析师提供了支持前缘希望的机会，进而将移情的天平推向了改变。

当病人核心的组织幻想没有发展出来，甚至是不具备适应性时，病人的恐惧就会尤其强烈和顽固。未转变的夸大（自体）会调动依赖需求，这可能伴随着危险的记忆和情感创伤。结果是动员自我保护的、防御性策略伴随着对重复的恐惧。由于后缘出现在这些症状和阻力动力之中，分析师不可避免地会卷入其中，但这不仅是分析师后缘的原因。分析关系的独特特征，使利用和修通复杂的后缘，朝向治疗改变成为可能。分析性对话通过共情的工具贴近病人的主观世界，因分析师摆脱自己后缘的能力而得到促进。在保持对病人主观生活调谐回应的同时，分析师诠释病人恐惧的能力使病人能够在创伤和/或自体客体体验失败的重复危险中感到足够安全，进而被鼓励放松保护措施和防御。在这种环境中，自体客体的渴望被唤醒，希望而不是恐惧则变得理所应当。结果是自体客体需求在主体间的背景中被唤起，在这个情境中可能被满足。当病人的前缘与分析师的前缘相遇时，他们之间以转变为目标的参与就会被激活。在这个主体间场中，病人找到了一个能够持续促进新心理结构展开和成长的环境。

主体间自体心理学的治疗不应与简单的支持性过程相混淆。诠释和修通后缘是治疗成功的必要条件，即让这一切发生在一种新的、安全的背景下，放松可怕过去的控制，允许新的、不受阻碍的希望出现并得以实现。换句话说，主体间自体心理学的治疗作用由两个相互关联的过程组成：在联系纽带完好无损的情况下，发展新的心理结构；在联系纽带被破坏的情况下，诠释改变现有的心理结构。当病人和分析师是后者通过调谐于前者的前缘联系起来时，不需要对前缘进行诠释。但我们认为在一些关键时刻，这种前缘诠释可能会显著加强主体间联系，并促进其向前发展。换句话说，在治疗过程中，病人不会因为发现了治疗关系的具体性质而感到羞耻，对前缘和成长性主体间场的诠释也可以加强病人的自体感。病人自体体验的核心会通过诠释得到增强和强化。此外，病人会通过了解自己需要什么而获得力量。当我们能提出要求时，我们就会更容易得到帮助。

每当自体客体的联系破裂，病人的恐惧处于前台时，对后缘的诠释就变得必不可少了。对重复性移情体验做出共情而富有同情心的诠释，这一过程有助于阐明并使人意识到那些构成人格结构的核心保护性组织原则和自体与客体幻想。而且这一过程也宣示了它们在与分析师的主体间背景中是非常容易被理解的。这样的理解重新建立了自体客体纽带，让前缘再次移动到前台。正如科胡特 1984 年所描述的那样，这种诠释的过程带来了现有结构的转变。

当病人和分析师的重复性移情被修通后，后缘的力量就会减弱，病人和分析师所渴望的自体客体移情就得以展开。这将构成一个幸运的主体间场。在这个场域中，病人和分析师接收情感营养，自体体验得以发展和巩固。分析师被体验为能够提供病人所需的自体客体体验，进而让病人得以获得和发展出新的自体结构的人。反过来也是一样：分析师感到自己的能力和功效得到肯定，这满足了他们自己所渴望的自体客体体验，结果是分析师也获得和巩固了新生的自体结构。

前缘在主体间场中的舒展是主体间自体心理学的首要目标。因此，我们颠覆了传统精神分析的治疗理念，虽然我们认为后缘的工作是必要的，但它并不是治疗作用的充分条件。治疗作用的充分条件是前缘的工作。正是因为前缘的加强，以及随之而来的对重新实现自我和健康发展的希望和动力，才是治疗过程背后的驱动力。

注释

1. 这里使用幻想一词是为了与精神分析理论保持一致。由于自体客体联结指的是病人的主观参考框架，因此幻想这一术语用于表示病人与分析师之间的体验联结。幻想一词的使用绝不意味着缺乏现实，它仅表示现实是由病人的主观体验决定的。

2. 在当前的精神分析术语中，“主体间的”和“关系的”具有重叠但不相同的含义。“关系”强调人与人之间的互动，而“主体间”是指关系的主观体验，无论其是否发生互动。这个主观维度并未包括在术语“关系”之中。例如，与处于紧张状态的病人坐在一起会构成一个特定的主体间互动场，但它不会是一种关系体验。通过这种方式，关系体验总是主体间的，但并非所有主体间的体验都是关系的。主体间性是更广泛的术语。

第二章

主体间自体心理学的共情

凯伦·罗泽和阿维娃·罗德

* * *

共情是自体心理学和主体间自体心理学（ISP）理论和实践的中心。它是科胡特第一篇自体心理学论文的主题（1959），也是科胡特在 1981 年去世前最后一次演讲的主题。对于科胡特而言，自体心理学家的工作根植于对病人体验的共情性理解和共情性纽带的形成。

共情被科胡特定义为“替代性内省”，是一个让自己进入另一个人的体验之中的缓慢、深思熟虑的过程（1959，第 207 页）。这是开始理解他人内心世界的方法。正如科胡特所说的，“这是一种与他人内心生活调谐的观察方式”（1981，第 542 页）。共情性理解是治疗师的一种心理活动，他们试图从病人的主观角度理解病人的情感和体验世界。自体心理学家与病人的希望和力量调谐。这些构成了自体客体移情的基础，以及病人的前缘。自体心理学家也会与病人的脆弱或他们的后缘恐惧调谐。例如，当病人描述他在生活中感到被父母、老板、配偶等人以各种方式所伤害时，这些脆弱点可能容易被共情。而在其他情况下，比如病人对治疗师所说或所做的感到生气或受到伤害时，这些脆弱则会以更难以共情的方式表现出来。自体心理学家对共情的关注，可以帮助治疗师找到从病人个人的、体验的世界出发来理解病人反应的方法，不管这对治疗师来说有多么陌生。

共情不仅是精神分析的中心，一般来说，也是整个人际关系的中心。例如，当一个孩子在上学前抱怨胃疼时，父母用他们对孩子的持续体验去感受孩子的内心世界，以便了解孩子是身体不适，还是对上学感到焦虑。如果他们能保持共情，他们就能及时回应孩子的需求。这样孩子就会感到被理解且有力量。在（心理）治疗过程中，治疗师将共情用于行善[1]，使自己能够理解、支持并诠释病人的体验。

举个简单的例子，假设一个非常高的人走进了办公室。一个（做到了）共情调谐的治疗师会问自己："这个人长得这么高，那会是什么感觉？"治疗师可能会思考这对自己意味着什么（内省），也会意识到自己还不知道这对病人意味着什么（替代性内省）。在提出这个问题的过程中，治疗师开始创造一个空间，在这个空间中，探索的主题不是外部现实，而是她的病人对外部现实的主观体验。经过探索治疗师可能会发现，她的假设，比如说个子高有助于进行积极的自我评价并不成立。病人对"惹人注目"的主要感觉是羞耻。达成这样的理解是一种共情或共情性探索的行为。在这种探索中，我们从病人自己的体验中去理解他的体验。如果治疗师也能感受到惹人注目所带来的羞耻感，那么两个人的世界就会相遇，就很容易做到共情。然而，如果治疗师一直想长得高一些，那么可能就很难理解病人的体验。如果从因身材矮小而感到羞耻的后缘出发，治疗师就可能会有错过病人的风险，并且会出现一个共情失败的时刻。或者，（治疗师）始终与病人的内心世界保持同频，这个世界与他们自己的有所不同，可以让治疗师去中心化，并对病人活生生的生活体验进行深入理解和表达。

因此，根据定义，共情是一个探索的过程，带来深入的理解。共情不是一种情感。这之间的区别经常被误解，从而导致了对共情的许多误读。例如，共情经常被错误地当作怜悯、协调、善良或直觉的同义词。下面让我们依次探讨这些想法。

同情是对别人困境的同情。为了感受同情，一个人必须先与他人的体验同频。在这个过程中，一个人可能会关心另一个人。同情的感觉源自共情探索的过程，但只有在共情之后才能发生。共情，作为一种探索的方式，是我们借以感受同情的方法。

协调是指与他人在情感上协调一致的体验。与某人的体验相协调是一种情感联系、一种感觉。共情不仅可以带来协调，它可以带来的还远不止于此：基于分析师对病人生活中各种因素的了解来理解一种感觉——这是一个分析过程，而不是情感体验。

善良是指为他人着想的感觉，并且与行动有关。另一方面，共情是一个内部的过程。共情可以带来善良，但它并不一定意味着善良或仁慈。它只是意味着对他人的理解。

直觉是对另一个人体验的一种自发感受，在这方面，它与共情很接近。然而，直觉绕过了认知：它不是一个缓慢的、谨慎仔细而又刻意努力的共情探索过程，而是一闪念，是一瞬间的意识。我们可能对一个人的内在体验有一种直觉，但这是探索的过程，是共情的特点，共情有可能证实直觉。

科胡特还认识到，除了作为一种探索方式，共情地倾听也是一种把人与人联系起来，在人与人之间建立联系纽带的方式。“从广义上讲，仅仅是共情的存在，就具有有益的疗愈效果——无论是在临床情境中，还是在通常的人类生活中”（1981，第 544 页）。通过共情的行为，治疗师传达了对病人真切体验的接纳和重视。被理解的体验以更深入的方式，为两个人之间的纽带奠定了基础。每一个不准确的共情时刻都有可能破坏这种纽带，但随后的每一次修正都使其进一步深化。

共情作为一种疗愈性纽带的概念，是巴卡尔（Bacal，1985）提出的“恰好的回应”本身所固有的。治疗师对病人的体验有深切共情的能力，使得治疗师能做出回应，并能够恰好地解决病人的需求。病人感到被理解，疗愈性的纽带也得以深化。是治疗师的共情让恰好的回应成为可能。

临床时刻

一对夫妻接连告诉我（凯伦·罗泽），他们每个人都承受着极大的压力。有一次，这位丈夫举例说明了压力是如何影响他的。他说，那天早上他将这种压力付诸行动了，讽刺了妻子的个人治疗师。他几乎立刻就道歉了，但还是感觉很糟糕。后来，在妻子的分享中，她说她仍然会被丈夫的冷言冷语所伤害。接着是一阵沉默，两人都体验到了强烈的情绪，谁也没有替对方着想。

我用了一点时间摸清了这位丈夫的体验，然后问他是否某种感觉导致了他的冷言冷语。丈夫想了一会儿，说

“是的”。他现在意识到了他所担心的是，如果他妻子得不到她需要的帮助，将会对他产生影响。他对此感到非常羞愧。丈夫说话时，我看到妻子的脸色变得柔和了。她说她理解他的感受，而且她也会有同样的感觉——事实上确实如此。丈夫的态度也软化了。他伸手握住了妻子的手。

我探索的方向是出于那一刻的共情，我意识到，一定是有什么没有表达出来的东西导致了那些冷言冷语。值得注意的是，我对丈夫体验的共情性探索也导致了妻子对丈夫的共情，并加深了他们之间的情感联系。

共情与主体间性

现在我们谈一谈共情的主体间性观点。1987 年，史托罗楼、布兰德沙夫特和阿特伍德，基于科胡特关于共情的研究，提出了“持续的共情性探索”的概念（第 10 页）。对他们来说，治疗师持续、共情地沉浸在病人的体验世界里，形成了一种主体间背景。在这种背景下，治疗师试图从病人的世界中理解病人，病人也开始相信自己是可以被理解的。因此，与科胡特一样，共情成了二元场中理解和行动发生的模式。然而，从主体间的参照框架出发，共情的概念有着进一步的发展。房间里有两个主体——病人和治疗师——这个想法为共情的概念增加了新内容。在两个主体性积极参与的情况下，我们了解到治疗师的共情——根据定义——反映了她自己的主观性。因此，治疗师的主观性影响并共同决定了病人的体验，反之亦然。记住这一点，我们就明白了没有所谓的中立或客观的共情。病人的主观性只能通过其发生的主体间背景来理解。持续的共情性沉浸发生在由病人和治疗师主体性的交汇而产生的场内。

对于一个主体间性理论的支持者来说，随着病人与治疗师关系的不断发展，共情不仅针对病人的内部世界，而且针对共情是如何不可避免地受到治疗师主体性的形成和塑造的。治疗师的存在和行为会影响病人的体验，反之亦然：治疗师的主体性也会受到病人的影响。例如，当治疗师的理解性表达得到病人的接纳和赞赏时，治疗师就会感到更有效和更有能力，这反过来也会增强治疗师的共情能力，且更加遵照共情行事。当有一个自我感觉有效率的治疗师在场时，病人可能会更愿意信任他人，感到更有能力，也更有力量。

共情与主体间自体心理学

最后我们转向主体间自体心理学视角，把自体心理学和主体间学派对共情概念的贡献结合起来。主体间自体心理学家与病人自体状态的变化调谐同频，试图从病人心理世界的内部去理解自体客体需求和移情的不断变化。这是主体间自体心理学来自自体心理学的部分。主体间（学派）增加了共情的维度，这个维度针对病人和分析师彼此体验交互影响的场。不仅要尊重和理解病人的自体客体需求，而且还要尊重和理解病人和治疗师之间关系对治疗师自体客体体验的影响方式。共情指向病人充满希望的和恐惧的感觉是如何影响治疗师的，反之亦然。意识到病人和治疗师的促进发展和重复性的主题之间是如何相互影响的，是主体间自体心理学家治疗的核心。

此外，自体心理学为主体间性理论增加了一种理解，即共情性纽带本身就是疗愈性的。对于史托罗楼等人来说，共情仍然是一种探索行为。在1992年，他们将治疗联盟的目标描述为“病人主观世界的逐步展开、阐明和转变”（第94页）。这是通过分析师“坚定地承诺从病人自己的主观框架去理解”来实现的（出处同上，第93页）。这描述了共情的主要认知功能。它只建立在从病人的主观世界内部去理解病人的行为上，并未考虑到以共情的方式被倾听的体验是有疗愈性的。然而，对于主体间性理论的支持者来说，理解这一行为才是最有力的。对于主体间自体心理学家而言，疗愈的力量也在于共情的纽带，在于治疗师对病人体验的持续关注。在分析的环境中，共情的纽带是病人和治疗师情感世界之间不断发展的反馈循环。每一次对理解的确认，都会加深双方的联系。

从主体间自体心理学的立场出发，进行共情性的工作是一种复杂的努力。当我们感受到病人的阻抗，忍受着重复性移情的折磨，或者表达一些病人还没有意识到的潜意识的东西时，就会变得格外艰辛。在这些时刻，病人最深刻的体验可能会被他们所感觉到的需要否认。在这种情形之下，我们不仅必须共情病人所表达出来的需求，同时也要探索被否认之体验的根源。例如，尽管我们的病人希望我们确认的确是老板错了，但我们却可能会感觉到是病人的防御在起作用，从而促成了老板的反应。在持续的共情性探索这一正在进行的工作中，我们看到病人和治疗师的相互影响会在特定时刻影响对彼此的看法。共情病人的防御性或阻抗性主题，治疗师可能会专注于一些病人自己还不知道的事情。但是，治疗师只有通过持续观察发生了什么，尝试新的视角，才会在病人有反应时对病人体验的更深层意义变得敏感，反之亦然。

在这个温柔的反馈循环之中，我们逐渐开始达成理解和彼此明晰。对病人和治疗师来说，自体客体体验的双向本质，定义了共情的本质和促进成长的疗愈性体验的潜力。基于对病人前缘和后缘的共情性理解，治疗师做出了诠释。在任何特定时刻，基于治疗师的理解，哪个会给病人带来最大的成长，治疗师就先诠释哪个，而后再诠释另一个。最终，无论这些诠释是被体验为共情性的，还是偏离主题的，都取决于病人自身；正是病人本身最终决定了治疗师的共情是否正确。

案例：苔丝[2]

苔丝案例开始阶段的以下时刻展现了在主体间自体心理学理论中共情的价值和改变的力量。之所以选择这个案例来说明共情，是因为病人最初的表现挑战了治疗师共情性理解和回应的能力。事实上，治疗师意识到自己不是去感受病人的体验，而是脱离了病人的体验，转而去想象病人生活中重要他人的反应。从主体间自体心理学角度来看，治疗师能够将自己对病人的后缘反应转变为对病人的前缘体验，从而打开了共情的通路。找到进入病人体验世界的方法使心理治疗得以从潜在的僵局中解脱出来向前推进。

当我（治疗师）打开门见到苔丝时，她是一位 38 岁的单身母亲，有一个十几岁的孩子和一个年幼的孩子。我被她年轻的外表和她的认真诚挚所打动。但没有人能预料到我将听到的是尖刻的愤怒。她对与姐姐安妮无休无止的、让人崩溃的争吵感到绝望。她和姐姐安妮住在一起，安妮比她大 15 岁，她们的单亲母亲去世后，由安妮抚养苔丝。苔丝对安妮长期愤恨不已，无休止的愤怒掌控着苔丝，使她萎靡不振。苔丝既要承担抚养孩子的重担，还要承受工作中的压力，无休止的愤怒让她的生活变得更糟。苔丝和姐姐住在同一屋檐下，这让她无法摆脱心中涌动的怒火。这就是她接受治疗的原因。

麻烦是从苔丝向安妮寻求指导开始的，就像她以前多次所做的那样。苔丝和正处在青春期的孩子吵了一架，心情很不好，于是向安妮寻求指导。让苔丝大为沮丧的是，安妮轻蔑地回答道："那孩子总是失控。"安妮的话激怒了苔丝，于是两人开始了一场激烈无情的争吵。苔丝很生气，因为她姐姐说了些伤人的话却不肯道歉。安妮声称，她不能为自己不理解的伤害道歉，而这进一步激化了局势。苔丝的怒气越来越大，包括勾起了一连串过去的伤痛：无意中听到了对她难缠的孩子的批评，感到被忽视、被利用。最终，裂痕扩大到苔丝拒绝与姐姐说话。苔丝不想和安妮说话，直到，而且是除非，安妮同意去找一位资历和能力与我相当的治疗师，并去那里接受治疗。值得注意的是，我当时被苔丝强烈的愤怒弄得心烦意乱，以至于都没有注意到她刚刚向我提出的自体客体渴望的线索。

在最初的几次会谈中，苔丝一遍又一遍地对她姐姐大发雷霆，一字一句地重复着争吵的细节。每一次回忆都重新点燃了她对安妮缺点的沮丧。她牢牢记着姐姐说过的每句话，这些话在她的脑海和会谈中无法控制地反复播放。苔丝相信我会把这个问题看清楚；相信对于安妮“拒绝去看显而易见的东西”这一点，我和她一样清楚，苔丝满嘴脏话的回应都是正当愤怒的无害表达。苔丝确信她自己的话正确地表达了这个问题，而且我也会像她那样看待事情。遗憾的是，我没有这么做。在我听来，苔丝的愤怒是不可理喻的暴怒，她用刻薄的讽刺、轻蔑的拒绝和愤怒的诅咒回应她的姐姐。我感觉安妮已经尝试去理解她了，却仍然感到无能为力，最终不愿再与苔丝打交道了。在整个过程中，苔丝都用一堵愤怒的墙挡住了安妮。

我不知所措。我不是同情苔丝，而是同情安妮，很容易想象她在面对苔丝无情的愤怒时有多沮丧和无助。共情苔丝？带着自己的感情进入苔丝的内心世界？我做不到。

让事情变得更复杂的是，我奉行一种主体间意识，即“事实”本身就是主观的。但是，在苔丝努力让她姐姐承认她自己所坚信的“事实”时，我却坚持自己的“事实”，也就是说苔丝表现出来的敌意没有被承认，并且被我否认了。我感到困惑和沮丧。我确信，我所听到苔丝激烈的长篇大论代表着她的后缘，并迫切地需要被诠释。但是，她所表达的敌意被成功地否认了。如果我试图直接解决她的愤怒，我相信她会既怀疑又受伤。这可能会把她赶走。有一次，我从自己痛苦的后缘中挣扎出来，这是一种没有新意的防御，用以对抗被人极大误解的痛苦感受。我说：“听起来你很生气。”苔丝应道：“我知道，我可以接受。”但这是不可能的。与此同时，我担心我没有解决问题的核心，即苔丝伤人的说话方式。时间越长，我就越会让苔丝失望，也就越违背我作为治疗师的责任，我既要有真实的反应，又要解决后缘的表现。大多数时候，我觉得她的现实和我的现实相差如此之远，以至于没有共情的基础来探索不同的视角。

我迷失了，苔丝却总是回来（接受心理治疗）。虽然我不明白这一点，但我有一种直觉，即苔丝对我能理解她有着异乎寻常的信心。我知道我必须弄清楚。在通往共情的艰难攀登的过程中，我唯一抓住的一个连接点就是苔丝被内心无情的、波涛汹涌的愤怒所折磨的场景。不管我对她所争论的内容有什么样的看法，我都能轻易地想象那种被无情、无法控制的暴怒所俘获的痛苦体验。有了这样的印象，我就有机会让自己从对她的敌意的惊愕反应中解脱出来，有机会理解更多的东西。这使我开始能够获得一种对她体验的前缘的开放性，开始能够按照主体间的思路去思考和工作。我积极地调用自己感到被困住的、无法控制的愤怒的记忆，以便以我自己的体验进入苔丝的体验；虽然我那时还不明白，但我对她产生了同情，甚至开始对她产生了亲切感。

一旦我能在自己身上找到一种不那么挑剔的反应，我就能更自由地提出一些问题。我说，我认为我们需要对她的愤怒有更深的理解。我已经感觉到她的愤怒是更深层事物的产物，一些更早期的、被深深感受到的事物，之前没有被理解或表达出来，却在引发严重破裂的斗争中变得明确了。在我的心理咨询工作中，有这样一个前提：愤怒是自恋创伤的表现，这是自体心理学的核心理论概念。但是，我转移话题的动机也来自我基于主体间性的理解：由于不理解苔丝暴怒的根源，我觉得我和她有距离且很疏远，并对她吹毛求疵。通过寻求对这些根源的理解，我也设法解决了自己寻找通往共情之路的需求。我朝着在自己身上能够体验到的前缘努力，让主体间视角来指导我们的治疗过程。

苔丝愿意继续这种探索。她说那次争吵让她猝不及防，用苔丝的话来说："我一直和安妮很亲近。她一直是我心目中的英雄。这就是为什么我在难过的时候去找她，为什么我对她的回应如此生气。"苔丝刚刚描绘了一幅痛苦的、去理想化的画面。苔丝的自体体验沿着理想化的路线发展，她姐姐就是她所需要的、可理想化的自体客体对象。面对失去母亲的毁灭性打击，苔丝非常需要姐姐的指引、力量、智慧和母爱。当安妮不经意地谈起苔丝和她十几岁的孩子吵架的痛苦时，姐姐对孩子长期以来的蔑视使事情变得更加复杂。苔丝在那一刻不仅感到失落和失望，同时还感到被本应支撑自己的人深深地背叛了。

不断的探索表明，理想化发展路线上的创伤性破裂是最后一根稻草，这会导致自体客体响应方面出现或小或大的裂缝。苔丝分享了让她感到困惑和沮丧的体验。例如，安妮把令人讨厌的男朋友带到家里，或者安妮所做的家庭财务决定是有利于自己而不是苔丝的。苔丝以前从来没有清楚地说过自己的体验，她向自己承诺、要永远服从安妮的选择和指令。苔丝顺从地接受每一个过错，这需要她否认自己实际上感到多么痛苦和受到背叛。她努力以维持家庭和谐为己任，这让她把安妮塑造成了一个可以理想化的人。这帮助我们理解了当安妮离开她时她所感受到的挫败。这种痛苦长期以来根植于她的感受，为了维护安妮的自体体验，她牺牲了自己合理的发展需求。她认真地做着别人期望她做的事情，且没有人能理解她。

在思考自己做母亲的体验时，苔丝开始怀疑安妮"像母亲般照顾"自己的体验，然后就是怀疑她们的母亲作为一个母亲的体验。苔丝觉得安妮违背了自己坚定不移的承诺，她本该成为自己忠诚的育儿指导。这是与安妮理想化连接中的一次重大破裂。但更重要的是，这种认识让她们意识到母亲的死亡所带来的创伤。苔丝对她所信任的母爱形象的去理想化体验揭开了失去母亲的毁灭性创伤——母亲理想化过程中最初的创伤性破裂。

苔丝有能力说出她最深的痛苦，这让她的前缘——渴望找到那个她严重错失的母亲的指引——得以显现。我对她内心深处创伤性的去理想化的这种认识揭示了她（自恋）暴怒的根源是深深的自恋挫伤。面对她所表达出来的愤怒，这种理解让我从评判中解脱了出来，转而去共情导致其愤怒的痛苦。我的前缘和她的前缘在这里相互呼应，一起出现了。在这种不断增长的共情纽带的背景之下，苔丝开始说，虽然她和姐姐依然疏远，但她已经不再被强烈的愤怒折磨了。她获得了一种相对的平静，并为此表达了感激之情。

这种新获得的平静允许在共情和逐渐发展的自体客体移情之间发展一种自然而然的反馈循环，而所有这些都是在主体间场中体验到的。苔丝不再和姐姐谈论她的痛苦，而是说她需要别的事情的帮助。“你是一个母亲。你可以给我一些好的育儿建议。”我敏锐地意识到苔丝给了我一个机会，既可以代替她希望从安妮那里得到的指引，又可以在更深层次上得到她所不曾拥有的母亲。这一刻源于我们新近形成的共情纽带——我们都在体验中遇到了对方的前缘。

苔丝希望得到帮助，鼓励她的孩子在床上过夜。即使不算孩子半夜爬到父母的床上、打扰父母睡眠，夜晚也已经足够有挑战性了。我立刻对她的体验产生了共鸣，并向她描述了当我的孩子没有整晚睡在自己的床上，而是爬到了我的床上，同样干扰了我的睡眠时，直觉上对我来说什么是正确的。我们制定了一个计划：孩子可以在晚上进来，从床底下拿出一个睡袋，爬到我旁边的地板上，不过是在她自己的空间里。我伸手到床边握住她的手，她也伸手抓住我的手，直到她又睡着了。在我和苔丝分享的内容中对我来说最值得注意的是，床边握手的画面是苔丝觉得最有意义的细节。

从这一点上，我能够理解一种一直存在的动力，它隐藏在防御性愤怒的背后。在每次咨询开始的时候，我都会想起我对苔丝的印象。每次我都被她那天真的样子、青春的风采和诚挚的态度所打动。我意识到她把我当成了她的好妈妈，她迫切需要的是用隐喻的方式把手伸向我的手，最终平静下来。我明白我比那个失宠的、母亲般的姐姐更理想，因为母亲的去世作为一种持续的创伤而回荡着。面对母亲和姐姐的去理想化创伤，苔丝强烈地渴望体验一个可理想化的母亲形象。

这种理解巩固了三个基本的组成部分：我可以真正共情到苔丝创伤性的去理想化体验，我可能会对她渴望沿着母爱发展线逐步建立理想化的想法做出回应。我们都在各自发展的前缘。这个基础允许开始下一个关键阶段的治疗，即解决后缘。

苔丝向我描述了她和姐姐又一次伤透了心的争吵，直到安妮拿上车钥匙气冲冲地走了，这场争吵才结束。就在我觉得好像是毫无防备的时候，苔丝对我说，她在姐姐身后喊了一声："把车开下悬崖！"她开始描述接下来发生的一切，但随后又停住了，说："我刚刚意识到，当我生气的时候，我会说很可怕的话。我真的不能再这么做了。"这是一个令人震惊的时刻——如此清新、质朴。对苔丝来说，这是一次真正的发现，因此更有意义。苔丝可以分享这一刻，她对安妮说了什么，以及她对这些话的破坏性有多严重的认识，因为她可以更充分地信任我们之间的共情纽带。苔丝可以相信，我能理解她对安妮深深的挫败感、受伤害感和无助感，所以她可以更完整地和我分享她的愤怒。在这种信任的基础上，她能够意识到自己言语中所表达出的敌意，并挑战自己以便做得更好。

我的感觉是，由于发展共情性纽带而产生的纠正在许多方面产生了变化。理想化自体客体移情，已经蓬勃发展起来了。结果是苔丝从我们刚见面时那种曾经冰冷的、愤怒的、混乱的状态中走了出来，我感觉到她已经发展出一种保持平静和坚韧的方法，开始解决她在一生中最重要和最需要的关系中所体验到的关系压力。

总结

科胡特给我们留下深刻印象的是，在面对病人明显的错误并确信自己正确时，通过深切共情病人而获得的基本的、体验的真相，才是我们所知道的最有意义的体验（1984，第93–94页）。在上面的案例中，正是对深度共情的承诺让治疗师最终摆脱了僵化的、被误导的理解，得以认识到病人更深层的真相。

总之，共情是我们从他人主观世界的内部开始理解他人体验的过程。共情是主观的：我们体验和他人同频的方式是建立在我们自己独特的主体性基础之上的。而且，分析师的主体性会受到双方共同创造的主体间场的影响。主体间自体心理学的共情方法既是从病人的自身体验理解他们的工具，也是一种有疗愈性联系的工具。主体间自体心理学的共情既关注病人和治疗师的主体性，也关注他们之间是如何相互影响的。

注释

1. 虽然共情通常被认为是用于行善的，但也并不一定都用于善行。共情，也就是对他人内心世界的深刻理解，很容易被用于恶意的目的，这种理解一样可以用来伤害他人。科胡特以希特勒的哨声炸弹为例，阐述了这一观点（1981，第529页）。
2. 这是本章作者凯伦·罗泽的案例。案例报告用第一人称（单数）写成，但也反映了两位作者共同的观点。

第三章

主体间自体心理学中的移情

阿维娃·罗德和凯伦·罗泽

* * *

对移情的分析，是精神分析工作的核心。移情可以大致定义为病人对治疗师的主题体验。弗洛伊德对移情效力的早期发现（1895，1912）仍然是精神分析理论的基石。自从弗洛伊德在精神分析理论上取得突破性发现以来，精神分析理论的进步对我们理解移情产生了重大影响。海因茨·科胡特（1971，1977，1984）通过提高对自体体验的重视，发展出了自体心理学理论。史托罗楼及其同事（Stolorow 等，1987，1994；Stolorow & Atwood，1992）通过认识到人际体验内在的相互联系，发展出了主体间性理论。两种理论都对移情理论有重要的意义。近年来，通过借鉴自体心理学和主体间学派中最具临床效力的方面，主体间自体心理学得以发展，进而促进了我们对移情的理解。本章将阐述主体间自体心理学移情理论的基本原则。

在精神分析界，移情被广泛理解为将过去的体验、信念、情感和关系模式转移到现在，通常是转移到治疗师身上。弗洛伊德（Freud，1895）将这种普遍存在的现象称为“错误的联系”，并将其视为要消除的“障碍”。在心理治疗中，该障碍可能以各种各样的形式出现。病人可能会退行，并在这样做的过程中与治疗师发生关联，表现出早期儿童阶段的症状。或者病人可能将自己的感受准确而直接地转移到早期客体身上，而现在却又将其错误地转移到了治疗师身上。再或者，病人将内部痛苦的、具有破坏性的，或羞耻的感受，投射到无辜的治疗师身上。如果不这样做，病人就会陷入强迫性重复之中，无助地向治疗师重复童年的核心问题（详见史托罗楼等人 1987 年的著作）。

所有这些移情表现都属于转移的范畴。移情是一种扭曲的动力性关系，现实的和真实的当下关系被过去的关系扭曲，过去关系因阴影太大而使病人无法摆脱。在这个领域中，治疗师的工作就是纠正这些扭曲，并引导病人对当下做出现实而真实的评估。当然，所有这些动力性假设都假定治疗师知道什么是真实的，而且比病人更了解什么是真实的。更重要的是，这种对移情的诠释假定存在一个唯一的真理；而且，主观体验的作用远低于客观分析的智慧。当从自体心理学和主体间性的角度看时，正是这种把移情视为扭曲的概念经历了重大的修正。

当我们从自体心理学的角度看时，对移情的理解会发生什么变化呢？自体心理学家专注于共情——一种深刻的、探索的过程，让自己感觉进入并思辨他人的主观体验——这告诉我们，无论对方的主观体验是否与我们自己的主观性相一致，它都自有其逻辑、价值和重要性。主观体验对于我们每个人来说都有其心理真实性。假设移情是扭曲，只有治疗师才可以接触到真相，这会使病人的主观真相失去价值，并有与他人疏远的风险。从自体心理学的角度出发，我们旨在发现病人的主观世界，也就是病人个人的真相。这就打开了通往自体客体移情和新的转变机会的路径。

为了理解自体客体移情的概念，首先，有必要解释自体心理学家是如何理解自体客体体验的，及其在健康自体发展中的重要性。我们现在要说的正是这一点。像科胡特所做的那样，当我们不断共情地倾听病人的感受时，我们发现，强健的自体体验取决于他人有感受的回应。利用他人维持和发展自体，包括将他人作为自体的一部分，被称为自体客体体验。自体客体体验的概念根植于这样一种观念中，即健康的自体发展需要利用他人来提供和履行心理功能。当一个人自由地利用、体验他人作为自体的一部分，并借用他人来发展自体时，自尊调节和自我抚慰等能力就会发展起来。利用他人维持自体就是自体客体体验。

自体客体需求是首要的发展需求。它们对于心理学意义的生存和发展至关重要，就像空气和水对躯体的生存与发展至关重要一样。就像植物无可改变地朝向太阳一样，我们——被定义为人类的我们——也在环境中寻求可用的、有响应的自体客体体验。在健康成长的过程中，孩子利用父母来提供健康的自恋，以认可、镇定和抚慰的形式，分享体验。人生路上，我们一直需要利用那些重要的他人（老师，朋友，恋人）来提供这些滋养自恋的东西。当这些发展需求得到满足且不受阻碍时，自体就会开始成长，并具有自尊等方面的独立能力。

鉴于自体客体需求的重要性，没能从被需要的重要他人那里找到自体客体的响应，对自体发展则是具有破坏性的。这种破裂是心理困扰的根源，并可能导致病理性自恋的表现——过度自大，或是与之相反的自尊心耗尽；也可能导致空虚和疏离。当破裂的形式以创伤性的发展需求脱轨，或与发展需求阶段性的不匹配反复出现时，健康的发展就会停滞不前，自恋病理就会变得根深蒂固。退而求其次，当自体客体能够响应，并且这种响应可以很好地与儿童（或成人）的发展需求相协调时，心理的疗愈就会转到前台，并且沿着健康的方向发展。这就是指引自体心理学心理治疗的基础。

治疗师的工作是促进健康的自体客体联结的发展，努力维护它，并对不可避免的破裂做出诠释。治疗师必须警惕自体客体渴望的潜在表达，甚至是隐藏表达（Tolpin，2002），响应那些对自体客体回应的要求，这样，就可以重新建立健康的自体发展途径。治疗师所激活的自体客体移情——病人利用另一个人支持自体的新机会——使脱轨的发展重回正轨，停滞的发展转向增长，为僵化的病理性自恋转变为成熟而灵活的自体表现创造新的可能性。

以这些想法为基础，很容易看出，促进建立和维持必需的自体客体移情——而不是诠释被扭曲和误导的移情——是成功进行自体心理学治疗的关键。自体客体联结的建立和维持可以通过对自体客体需求的诠释、对自体客体体验断裂的诠释、对此类破裂的修复和/或响应自体客体体验来实现。自体客体联结的激活或重新激活的结果是自体体验形式从古老转变为成熟。这种转变甚至在治疗室之外也仍在继续：因为我们的需求不会超出对健康自体体验的需求——这些需求是终生的——我们希望以维持自体的关系和在情感上可以依赖的持续共同体的形式，发展并保持与一个可用且时刻回应的自体客体环境的联结。

科胡特描绘了三个主要的自体客体移情主题，即自体体验由此发生转变的发展线。这些主题是镜映、理想化和密友关系。镜映自体客体体验指的是对肯定、认可、承认、庆祝、评价的需要。它指的是当完成一些快乐或拓展性的事情时，渴望找到众所周知的“母亲眼中的闪光”。希望获得镜映体验的人渴望为人所知、被人接纳。通过镜映体验促进的心理发展是建立和维持正向调节的自尊心。镜映体验的一个例子可能是这样的：一个由沮丧而心不在焉的父母抚养的病人，渴望得到治疗师只专注于他的仔细聆听。其结果是激活了不断发展的镜映需求，进而是自尊的发展。

理想化，是指渴望与受人敬仰的人的力量、智慧、自信、灵感与安全相融合。将自己折服于更强大的人的保护之下，这样的能力可以带来安全感、镇定感，以及自我抚慰的能力。理想化的一个例子就是：如果病人的父母太过焦虑而无法保护病人免受过度的痛苦，那么病人可能会特别期待治疗师是一个充满自信、智慧和稳定的人。成功的理想化体验，会提高病人自我抚慰的能力。

在密友关系中，一个人希望在另一个人身上找到一种相同的体验，并通过分享彼此珍惜的相似之处来确认这种相同的体验（Togashi，2009）。这种亲如一家的感觉，经常会在创造出共享人性的友谊或共同体中感觉到。例如，一个在孤独和孤单中长大的病人会在治疗师分享了一系列情感或个人经历后成长得特别快。这种密友体验促进了共同人性的感觉。

当然，在共情和自体客体回应方面不可避免地会失败，这会导致所需的自体客体联结的破裂。也许是当病人因学会了新技能而产生自豪感时，治疗师却并没有赞扬，这让病人感到不被认可。或者，也许是提供一些好建议这件事难倒了治疗师，病人的理想化破灭了。 或者，治疗师觉得与病人疏远，密友自体客体体验被打乱了。在所有的这些场景中，对自体客体渴望的诠释以及在治疗师身上未能找到的所期望的回应恰好为恢复破裂的自体客体体验提供了路径。这种破裂—修复循环是自体心理学分析工作的核心。事实上，通常是原本顺畅的分析关系出现破裂，才会澄清一个人所渴望的或者曾经存在的自体客体移情。

对自体客体体验的治疗性关注，构成了我们所说的治疗性前缘——关注病人的希望。这种希望可能是明确表达的，也可能隐藏在症状之下。无论是以哪种方式，引出这种希望都是建立自体客体体验的一种机制。但是，病人也会把恐惧带到治疗中来。恐惧是理所当然、根深蒂固的，它让病人陷入阻碍其前进的力量之中。我们以防御和重复性移情的形式认识这些恐惧，并把它们统称为后缘。自体客体关系的破裂通常会触发后缘。或者，一个高度僵化的防御结构可能会阻止自体客体联结的发展。这些都是棘手的事情，但也是不可避免的，它们同时也是关键工作的机会。

在这种情况下，治疗师需要对病人的经历和发展停滞进行富有同情心和坚定的共情性探索。对重复性主题的诠释——本身就是执行一种自体客体功能——正是恢复或新建自体客体联结的路径。

鉴于自体客体的概念难以掌握且容易被误解，因此澄清一些想法是很重要的。首先，自体客体不是一个人，不是一个被珍惜和需要的人。相反，自体客体是治疗师在病人的内心世界中起到心理滋养的作用，或者父母对孩子起到心理滋养的作用。如果没有客体起到支持作用，就没有自体客体。其次，没有“好”或“坏”的自体客体。根据定义，自体客体（体验）在心理上起到增强作用。如果假定的自体客体功能不再为自体服务，或者更糟，即在心理上变得对自体具有破坏性，那这就根本不再是自体客体了。其次，不可能是治疗师的主观性决定病人需要这样或那样的自体客体体验。例如，某病人缺乏镜映或需要将某人理想化。相反，重要的是治疗师——通过共情性沉浸在病人的主观体验之中——发现病人的渴望，并能够沿着特定的自体客体发展线得到回应。治疗师努力响应所呈现的自体客体需求。最后，自体客体主题不是由治疗师的行动决定的，而是由病人怎样有意识或无意识地体验治疗师的行动决定的。治疗师可能会觉得自己是在按照镜映主题的发展线做出回应的，但如果病人把治疗师的话体验为理想化或者密友体验，那么病人所体验到的主题就会胜出。与此相关的是，治疗师不会做任何特别的事情去创造自体客体体验，而是会关注它的出现或影响它出现的干扰。时刻关注新出现的自体客体需求会指导治疗师选择回应的方式，而时刻关注自体客体主题出现时的干扰会让治疗师有机会预防病人的阻抗反应，或触发治疗师去努力理解当前需要修复的破裂。

在我们的理解中，自体客体移情是有意义治疗的核心。进而我们必须发问，我们如何理解不以自体客体体验为核心的治疗也会成功这一点呢？当然，不同取向的治疗能成功取决于特定的病人动力和特定的治疗取向的良好匹配。但是，同样真实的是在治疗过程中，即使是非自体心理学取向的治疗，完好无损的自体客体体验也可能会在没有被清楚地意识到的情况下默默地发挥作用。由于病人对治疗师的理想化，经典治疗中适时的诠释可能会被认为特别有意义。辩证行为疗法（DBT）治疗师对他 / 她的病人的接纳和理解可能会被体验为富有同情心的镜映。人际关系 / 关系治疗师与病人之间的活跃对话，可能会促进变革性的密友体验。在任何治疗中，修复移情破裂都可能使必需的自体客体体验重回正轨。以此类推，不胜枚举。通过这种方式我们看到，自体客体维度在各种治疗的背景下默默地、成功地发挥着作用。

从主体间性的视角来看，我们对移情的理解会发生什么变化呢？史托罗楼及其同事提出的主体间性理论（Stolorow 等，1987，1994；Stolorow & Atwood，1992）提供了一种心理模型，它指的是情感体验所固有的情境依赖性。心理体验开始于它所发生的关系背景，并因此而变得精细复杂。个人的体验是在自己与他人的互动中形成的，心理体验产生于心理世界的互动之中。这意味着，情绪现象不能离开它们所发生的主体间背景来理解。例如，连接、断开、协调、不协调、响应和缺乏响应性等体验都是主体间所依赖的。

自己和他人交织的主体构成了主体间场。它可能由两个同龄人组成，或由孩子和父母组成，或由治疗师和他 / 她的病人组成。在这些二元互动场中，都有一个不断发展的反馈循环，它产生了一个特定的且不断发展的环境，是一种共享的体验，其中每个参与者都与他人一起体验着自己。一个人的自体感可能会在与自己调谐的他人环境中得到促进，自体的发展在这种情况下会从不太成熟变得更成熟。或者，在他人回应不协调的环境下，自体感可能会受到干扰，从而导致发展停滞或发展中的创伤性中断。我们进而可以很容易地看到主体间场的重要性。主体间场可以由脆弱的孩子与（希望）更成熟的父母，或脆弱的病人与（希望）更成熟的治疗师组成。当孩子或病人的主观体验出现时，他们将与父母或治疗师的主观体验互动，创建一个特定的组合来理解和回应。二元互动场的每个成员都按照自己主观框架所确定的发展线来组织对方的贡献。这反过来又成了对另一方主观体验的贡献，被组织到了对方的个人世界之中。

移情作为一种内在的关系体验，很自然地在病人和治疗师共同出现的心理世界中形成。病人和治疗师都将自己的主观性带入其中，包括他们自体客体的渴望、希望和恐惧。他们之间建立的场是根据每个成员的特定自我体验，以及他们之间产生的相互重叠的互动而精心制作的。在理解病人的移情时，必须意识到治疗师的主观贡献；同样，治疗师的自我体验也受到与病人互动所产生的影响。治疗师有责任理解并利用自己的主观性来促进病人的心理成长。这可能会涉及在治疗中利用那些最能增强自我的因素，或者与此相反，让那些干扰自体客体环境发展的自体因素安静下来。理解病人和治疗师对主体间场的相对贡献，治疗师要么利用自己的主观体验，要么摆脱自己的主观体验以便对病人的主观体验做出充分的响应。

总之，主体间自体心理学的移情观点是将史托罗楼主体间性理论的核心原则与科胡特自体心理学的核心临床概念相结合。主体间性拓展了自体客体概念认为所有心理生活，包括自体体验和自体客体体验，都是在情境依赖的主观性之下形成的。同样地，自体心理学通过保留自体客体体验在理解人类相关性方面的首要地位，扩展了关于移情的主体间性观点。将这两个移情概念结合在一起，增强了临床环境中复杂而有意义的主观性和自体体验的组合。下面的案例将会说明，如何从主体间自体心理学角度开展关于移情的临床工作。

案例：大卫[1]

我的病人大卫 40 岁，在治疗的第一年，他变得越来越痴迷于讲述自己的日常生活，以及他是如何安排时间的。许多次会谈前，大卫就开始表达关于自己在某项技能上缺乏能力的新见解，并解释了自己的想法，例如，他无法安排自己的工作，无法做到准时，无法确定事情的优先级。在这个过程中，他用自我批评和对自己缺点的复杂解释征服了自己也征服了我。我会给他一些建议，告诉他如何处理这些事情，这在我看来是一种理想化的移情。我看到了大卫对一个确信无疑的人物的向往，他希望在他身后有一个理想化的母亲形象，这样他的焦虑和无力感就会减少，让他相信自己的判断。然而，在会谈中，事实却并非如此。他会欢迎我的建议，也经常迎合这些建议。但是，大卫也努力在自己的世界里去理解它们，寻求克服自己缺点的最佳解决方案。也许他应该雇一个组织者？或者，我可以告诉大卫他做错了什么，以便他可以改正吗？这种模式一直持续着。

发生这种情况时，我们也在处理大卫所关注的另一个领域，即他与结婚十年的妻子的关系。他花了很多时间批评她，指出她的缺点，并回顾了他试图“治好”她的方法。可以预见的是，大卫的妻子反驳道，这对她来说并不好。大卫被吵架弄得不知所措，认为妻子不理智，非常情绪化。因为大卫觉得他只是想帮助她，他看不出自己是如何加剧他们之间的紧张关系的。

随着时间的流逝，我预期的动作都没有发生，我发现这些会谈是重复且令人沮丧的；我所体验到的是他的挑剔和无情的否定，而这让我感到窒息。当我在寻找说些什么话题可以最终让他感觉更好，并使连接具有变革性时，它激发了我的无助感和无价值感。心理治疗没有推进的余地。当我试图告诉他我的想法时，他觉得我没有理解他的加倍努力。我们的探索方向让他和我都一无所获，这感觉更像是在解决木工问题，而不是在进行精神分析的探索。我觉得自己像是被俘虏了，因为他强迫性的反思而变得无助。他试图把事情做得恰到好处，我却觉得我从来没说过正确的话。我变得越来越疲惫，最后，在有一次会谈时，我的注意力开了小差，眼睛半闭着。这是一次深刻的分离：他越来越希望我能治好他，但是，这个过程却让我觉得我不可能帮到他。大卫觉得自己很无聊，他现在甚至觉得自己有缺陷。我需要理解主体间场中的这种分离，以便能够重新连接并一起前进。

我开始对已经发生的事情进行内部探索。在我的无助中，我对无能和软弱的恐惧上升到了前台，这使我处于高度脆弱的状态，并导致我退了出来。我失去了与大卫，与那些支撑我并使我有条理的理论的联系。尽管我努力为他提供着他似乎渴望的理想化体验，但后缘恐惧的激活使我无法为他提供他可以组织的体验。我开始意识到我们最终都觉得自己失败了。从我们既需要完美又做不到完美的体验中，我发现了一种潜在的密友关系。有一种新的可能性，即我们可以通过我们的相似之处发现自己更强大了，但在这一点上，这些相似之处远不能支持我们的体验。相反，我们的后缘却是结合在一起的。理解到这一点后，我重新回到了我的前缘：我认为自己是一个关心人、有同情心且足够强大的治疗师，我可以找到与自己苦苦挣扎的病人建立联系的方法。

带着新的目标感和我对心理治疗过程的承诺，我们开始探索大卫感到无力和脆弱的需要“修复”的体验。他关于理想化父亲的记忆浮现出来。15 岁时，大卫来到父亲身边，梦想着能追随父亲的脚步成为一名著名的律师。父亲对此的回应是，大卫无法承受最后期限所带来的压力，这是一种毁灭性的自恋伤害。他试图与理想化客体融合的努力失败了，因为他被认为是不配的。为了维持这种联结，大卫自责，并接受了自己在父亲眼中的那个有缺陷的形象。他父亲仍然受人尊敬，而他则在无休止地寻找解决问题的方法。他整理自己的幻想：如果他能治好自己，最终就会配得上他理想化的父亲。但这种理想化是防御性的而不是发展性的。大卫苦撑着他和他父亲的关系，尽管它是具有破坏性的，但也是必要的，因为我们开始了解大卫有多么缺乏镜映体验。他的父母都没有怎么关注他或为他着想，因为他们都专注于彼此以及他父亲的工作，所以大卫就无法获得镜映体验。因此，我清楚地看到与父亲的融合不是前缘的希望，而是后缘的恐惧。这可不会导致改变。相反，这是一种防御性的理想化，永远不会产生强大而稳定的自体体验，只会产生无休止的重复，而这种重复在与我的关系中被激活了。我们还需要一些别的东西。

有了这样的理解之后，我感到自己更强大、更能共情，并且也更能理解这一理论了。这对我来说是一种有条理的、稳定的理想化状态。根据我自己的童年经历，即我试图找到一个理想的自己以配得上被防御性理想化的父母，我便能够开始表达对大卫渴望治好自己的理解。在这个过程中，我发现了一条微妙的界线，一边是像被他拒绝的父亲那样知道答案的人，一边是我所恐惧的那个软弱无助的自己。我可以和大卫在一起了。我可以从内心深处开始和他一起解决追求完美的必要性，以及接受不可能实现这一目标的痛苦。大卫似乎觉得自己以一种新的方式被理解了，他接受了我的话，而不需要质疑和反驳它们。随着我越来越能够真正理解他，他也开始明白，当我说他需要为失去一个潜在的理想化自体而哀悼时，我并不是在谴责他是一个无可救药的有缺陷的人。我是作为一个经历了同样历程、有着同样缺陷的人在说这些话的。我们共同的人性在治疗室里开始显露出来。当我能够分享我对我们的脆弱和我们的力量的看法时，一种我们都很好的感觉开始浮现。与其成为一个无所不知但拒绝接受的父亲，不如成为一个像大卫一样的人。我明白了在实现所有梦想的同时，还能成为自己想成为的人是多么困难。大卫与其找我为他提供治好自己的方法，不如开始自问他现在的感觉是否“正常”。他可以像其他人一样吗？比如像我一样？他开始不把我的缺陷视为潜在完美愿景的失败，而是不仅肯定我并不比他更完美，而且还能够坚持认为自己不需要完美。不再是无情的否定，取而代之的是一种成为“人群中的一员”的可能性。而且，我是一个可以和他连接在一起的人，我们可以共同努力，去创造感觉“足够好”的丰富生活。换句话说，前缘的希望出现在了相互接纳的密友体验之中。

这样的氛围有时很难获得。有时我试图在密友关系的感觉中做出回应，却可能会在我身上触发他所经常感觉到的那种脆弱状态；在这些时候，我们可能都被消极情绪所淹没了。然而，我逐渐习惯于以一种新的方式感受大卫的体验。即使没有绝对或完美的答案，我也在努力表达与他的联系，让他尽可能感到自己有能力、有活力且投入。当我开始通过密友的视角去观察大卫和我之间的关系时，我开始更好地共情他了，因为他努力帮助他的妻子，就像我努力帮助他一样。大卫对妻子的真诚关心，以及妻子拒绝给他造成的伤害，我对此表达了理解。我也不再试图“修正”大卫对妻子的看法。渐渐地，他开始更多地关注他对妻子的感受——挫败、伤害和恐惧——而不是他对妻子缺点的看法，这使我能够共情并理解他的感受。当我确认并“正常化”他的体验时，我建议他也许可以通过这些感觉接近他的妻子，而不是期望她有不同的表现。大卫听了我的话，并进行了尝试。他回来时说，他的妻子有了回应，向他表达了她的脆弱和对自己的担忧。当她敞开心扉时，大卫说自己可以与她共情——并为终于能够建立联系而感到高兴。与我的密友关系使大卫也找到了与妻子的密友关系。

大卫对理想的渴望——在他自己和他人身上——依然强烈。他仍然在自我批评中挣扎，偶尔会屈服于对自己和妻子的挑剔。然而，我们两人之间的主体间场已经发生了变化，这也开辟了新的可能性。我很感兴趣并致力于寻找一种能够以密友方式联系他，并与他一起抵制自我批评冲动的方法。我寻找方法让他的体验正常化，找到一种方式来表达接受自己局限时内心挣扎的感觉，并从我们的连接中获得快乐。我们几乎在每一次会谈中都处于稳定状态，这让他感到充满希望。在某些时候，这是一种认为他自己很强大的看法；另外一些时候，他也会接受我认为他在进步的观点。

下面的时刻可以说明这种转变。会谈一开始就很有特色，大卫谈到了他为买车所做的研究的所有细节。他记录了那些经过反复考虑才做出的决定、事后的评价和改主意的复杂而细致的过程。我大多时候都沉默不语、充满同情，并从更远一点的角度寻找一个突破口，看看是否能让我们相互理解。作为一个可以在整个过程中与他在一起的人，我积极地保持自己的前缘，而不是去寻找完美的解决方案。因此，我没有试图解决问题，而是努力在对话中关注他的选择。但是，后来他自己退后了一步，说他计划在下周之前完成那些他在过去需要花费数周，甚至数月时间的事情，这次预计会迅速解决。我对此表示惊讶。大卫对我的惊讶也表示了惊讶，然后似乎又很高兴。我感觉到他的回应是发展性的，因为他告诉我他在多么积极努力地减少强迫性研究和改变主意。我在内心深处感受到与一个越来越强大的密友之间充满希望的连接，这反过来也增强了我的自体感，并让我敢于继续冒险。在我谈了大卫对自己选车过程的认识之后，我大胆地问了他一个问题，即关于他对理想的需求是如何影响他人，尤其是他妻子的。大卫能够反思妻子对他的看法，说他知道妻子能感觉到他需要追求完美。大卫没有表现出一种被妻子误解的感受，而是开始以共情理解的方式替妻子着想，说她一定很难受。这是他第一次没有伴随着内疚或紧缩感。因为觉得被我理解且与我有联系了，所以他能够感到自己足够强大和安全，能够共情地接触他的妻子。对我来说，参与共同创造我们之间的这些时刻之后，我确信了我的密友自体客体需求正在得到满足，并且我的前缘处于前台。主体间场中前缘—前缘的连接使大卫获得并巩固了自己新的自体结构。这种结构表现在大卫对自己的心理过程有了更多的理解，能从过程中抽离出来，以及他对妻子的新的共情能力。

以上简要回顾了大卫和我之间随着时间推移而变化的主体间场。它始于对理想化关系的失败尝试。然后它变成了一个让我们都感到虚弱和无助的境地。只有当我能够自我反省，并在与病人后缘恐惧的关系中去理解我自己的后缘恐惧表现时，我才能找到共情我的病人的方法，才能让我们共同希望的密友体验浮现。在转变性主体间场中，前缘的希望遇到了前缘的希望，并加强了我们两个人。

总之，这个案例说明了自体客体渴望主体间场，以及病人和治疗师的后缘与前缘之间的相互作用：既产生了僵局，也创造了转变的机会。大卫和我（治疗师）受挫的愿望，即想要与理想化父母融合在一起，给我们每个人都留下了弱点，也给我们之间的主体间场留下了弱点。当我（治疗师）开始意识到这些因素是如何影响自己的时候，我就能解开自己的心结，在理解中找到力量，从而激活我的前缘。这使我能够从我与他的密友感觉中推动关系，解决他新生的密友渴望。当他感觉与我的连接变得更紧密时，我的自体感也得到了进一步加强，我们俩都陶醉在彼此之间现在开启的密友发展潜力之中。

注释

1. 这个案例是由本章的作者之一完成的。它以第一人称写成，但反映了两位作者共同的观点。

第四章

主体间自体心理学的治愈之道（上）[1]

彼得·B. 齐默尔曼

* * *

从主体间自体心理学的角度来看，什么是心理治疗的治愈之道？[2]在回答这个问题时，区分两种治疗模式会产生两种不同的治疗关系体验，即与前缘的工作和与后缘的工作。每种模式都需要各自的分析性参与形式。我先介绍构成主体间自体心理学（ISP）临床语言的几个概念。

病人

病人是带着他们的希望和害怕（Stephen Mitchell，1993），以及他们的渴望和恐惧进入治疗的。这些渴望和害怕可能为病人所知，因而是有意识的；也可能是潜意识的、前意识的、被压抑的、被隔离的，或被否认的，因此不为病人所知。

病人接受治疗是因为他们希望治疗师可以帮助他们。他们希望自己能超越自己被困住的地方；他们渴望一个新的开始。他们带着希望接受治疗，希望治疗师在治疗关系中给他们提供需要的体验，让他们有信心放弃旧的自我保护策略，追求新的生活方式和参与世界的方式。这些经验来源于科胡特的发现（1971，1977，1984）。科胡特发现了既独特又普遍的与他人交往的模式并将其称为自体客体纽带，这是自体发展所必需的。当病人看到有这样的机会能参与到治疗关系中时，自体客体纽带便以自体客体移情的形式出现。

自体客体移情的概念，指的是在治疗中出现的一种特定的、持久的，在分析师那里寻求到的关系体验，这种体验是病人自体发展所必需的。自体客体移情可以被理解为恢复与治疗师的必要联系，以实现自体的成长和转变。在早期的照护环境中，这种联系在某种程度上对孩子来说是可用的，但还不足以完成自体发展。直至今日，病人仍然渴望它。

自体客体移情，是我们所定义的建设性移情的主要部分[3]。建设性移情是指治疗关系中具有促进成长和促进疗愈的维度。建设性移情被理解为构成治疗的前缘。它需要在与分析师的关系中建立促进发展的体验，这是病人所渴望并需要恢复的过程，进而导致了自体体验的舒展、巩固和激活。

然而，如前所述，病人进入治疗不仅带着渴望和希望，还带着害怕和恐惧。病人害怕自己注定会永远陷入困境，害怕在治疗师那里找不到他们孜孜以求的体验，害怕会从治疗师那里得到同样失败的回应。而这种失败的回应就像他们早期在照顾者那里所遭遇的一样，只是现在这种回应来自周围的世界。他们害怕不协调的或不充分的自体客体体验会占上风，或者更糟，即对最初自体客体失败的创伤性重复。

这些害怕导致了重复性移情，这是史托罗楼、阿特伍德和布兰德沙夫特（Stolorow, Atwood & Brandchaft，1987）引入的一个术语，指的是所有传统意义上的移情，以便将其与我们所说的建设性移情区分开来。重复性移情被定义为一种过去的、显著适应不良且持久的潜意识关系模式，在此时此地的治疗关系中复苏并付诸行动。重复性移情是构成治疗中后缘的核心部分。

后缘，指的是由根深蒂固的人格结构所导致的所有关系模式。当病人在此时此地的治疗关系中预期或已经体验到重复过去的创伤体验时，所有联系他人的关系模式都会开始发挥作用。后缘也包括所有自我保护和恢复的措施，即所谓的防御和阻抗，病人依靠这些措施来保护自体体验免受进一步的伤害和崩解。

总之，希望和渴望的激活是构成前缘的建设性移情的特征，害怕和恐惧的激活则是构成后缘的重复性移情的特征。

科胡特引入了术语“前缘”和“后缘”，尽管他从未在他的著作中使用过这些术语。朱尔斯·米勒（Jules Miller，1985）接受过科胡特的督导。他写道，科胡特在督导时使用了这些术语。玛丽安·朵缤（Marian Tolpin）既是科胡特有奉献精神和天赋的学生，也是他的同事，她是第一位在论文中使用这些概念的精神分析师。她指出在治疗中支持“健康向上的萌芽”的重要性，但使用了“前缘”（forward edge）一词代替了前缘（leading edge）。

弗兰克·拉赫曼（Frank Lachmann，2001）在他的著作《转变性的攻击性》中重新介绍了后缘和前缘。从那时起，前缘（forward edge）和前缘（leading edge）在文献中是可以互换使用的。我们偏向于前缘（leading edge）是因为它是科胡特的选择，也是后缘（trailing edge）天然的反义词。

自体障碍

科胡特（1971）最初认为，当孩子因父母对他们的回应不共情而导致了错误或不充分的自体客体体验时，就会出现自体障碍。因此，病人被认为是在寻求与治疗师建立自体客体纽带，而这种纽带在以前是不充分、不充足或缺失的。换句话说，病人会在治疗中寻找他们在最初的照护环境中没有充分得到的，无论是哪种自体客体体验。童年时期没有被镜映的体验会导致在治疗中需要一种可靠的镜映体验；与不可靠的理想化人物的融合体验会产生与一个可靠的理想化人物融合的渴望；而不充分的密友体验会导致需要寻找“足够好”的密友体验来恢复和维持自体体验。

在科胡特的遗作《精神分析治愈之道》（1984）一书中，他提出了一种新的、更复杂的思考自体障碍的方式。他引入了补偿性自体客体体验的概念。当且仅当在主要的自体客体联结破裂后，可靠的补偿性自体客体体验也不可用，或有缺陷、失败时，才会出现自体障碍。三种自体客体移情中的任何一种都可以作为补偿性自体客体体验，在补偿性自体客体体验的基础上，自体发展得以进行和完成。

让我们用一个假设的例子来说明这一点。假设一个婴儿的主要自体体验是围绕着被母亲镜映的感觉而组织起来的，当母亲照料自己的女婴时，这个婴儿就会沉浸在母亲的喜悦之中。她看到母亲眼中的闪光，便感觉到被肯定。然而在四岁时，她的小弟弟出生了，女儿痛苦地意识到母亲的注意力已经从她身上转移到了弟弟身上。对于女儿来说，这造成与母亲的镜映自体客体联结的破裂。这可能会导致女儿自体体验的危机，造成自体的结构性弱点，表现为成年后的自体障碍。

然而科胡特认为，如果在这个关键时刻，父亲或其他长辈可以作为一个能与之融合的理想形象，那么女儿的自体体验或自体感就不会支离破碎了；相反，它会在与理想化人物的融合体验中被继续巩固，而不会产生自体障碍。同样，如果此时女儿开始上学前班，并找到了一个最好的朋友与之建立牢固的密友联系，就也不会发展成自体障碍。这些发展路线中的任何一条，即理想化或密友体验，都会弥补、补偿那些失去的、最初围绕着镜映体验组织起来的自体经验。

科胡特认为虽然自体感存在某些弱点，但从根本上说，自体体验将具有足够的内聚力，这取决于补偿性自体客体体验的相对强度，因此不会导致自体紊乱。但是，如果父亲缺席，女儿因此便无法与可靠理想化人物融合，或者父母刚搬到一个新社区，女儿也失去了她最好的学龄前朋友，这意味着其失去了密友体验，那么补偿性的自体客体发展线也会失去。根据科胡特的说法，只有这样，才会导致自体障碍。

这种新的概念，对我们如何看待心理治疗中的疗愈之道，以及我们如何促进疗愈过程具有深远的影响。那这些影响是什么呢?

第一个影响是，在治疗中，病人不一定，或不一定主要是寻求恢复主要的自体客体联结，即最初发生断裂的发展线；相反，病人会寻求建立补偿性的自体客体移情联系，使自体的发展或巩固成为可能。这就是病人的希望所在，构成了建设性移情，这是前缘。主要自体客体联系的破裂解释了对创伤性重复的恐惧，正是这种恐惧引起了重复性移情，这构成了后缘，并会以自我保护措施和防御的形式表现出来。

这使得在对病人的初步评估中，治疗师不仅要确定主要的自体客体体验失败是什么，而且还要确定谁（如果有这样的人的话）帮助了病人，以及这种自体客体体验是什么，这一点至关重要。它指向对病人最持久的补偿性自体客体体验，这些持续的体验会成为病人所渴望的、补偿性的自体客体移情。在与治疗师的治疗关系中，病人渴望舒展开建设性移情，这会构成前缘。

根据上面假设的例子，因为失去了与母亲的镜映联系，女儿可能在 4 岁到 6 岁之间经历一个抑郁阶段。当她进入一年级，并再次找到一个最好的朋友时，抑郁便会得到缓解，她在整个中学阶段都与要好的朋友形影不离。一种补偿性的密友自体客体联结建立了。直到上高中，她再次因为朋友搬走而与同龄人疏远的时候，自体结构的脆弱之处就会变得明显，自体感也会面临瓦解，导致她只能依靠割伤自己或暴饮暴食来支撑起她支离破碎的自体体验。

这可能是她父母建议她寻求治疗的时机。一旦进入心理治疗，她就会希望与治疗师建立密友自体客体移情，以恢复被破坏的补偿性发展线。然而，因为害怕创伤复现，即被抛弃以及可怕的、丧失密友的体验，治疗中就可能出现显著的阻抗，修通这些需要前缘的参与。

科胡特关于自体障碍新阐述的第二个影响是，无论主要自体客体关系的失败或破裂会造成多大创伤，只要存在一个可靠的、持续的、补偿性的自体客体纽带，就仍然可以发展出一个内聚的、功能良好的、稳定的自体结构和情绪方面积极向上的自体感，以及其在时间和空间上的连续性。这意味着治疗自体障碍的核心问题本质上不是主要自体客体体验失败的创伤程度，尽管这在后缘中起着重要作用；而是可靠的、稳定的、“足够好”的补偿性自体客体体验是否存在，以及补偿性的自体客体发展线在什么情况下会发生偏离或中断。

补偿性自体客体联系，可以由兄弟姐妹、姑姨或叔伯、祖父母、老师或最好的朋友提供。因此在治疗中，治疗师的工作首先需要关注移情中补偿性发展线的恢复，其次才是修通主要的自体客体体验失败。每当病人感觉到补偿性自体客体联结被打断时，重复性移情就会复活，主要的自体客体体验失败就会进入治疗关系，而这需要修通。如果治疗完全集中在病人的后缘，治疗师没能识别出病人对补偿性自体客体纽带的渴望，病人就会感觉一直在被推入最初的自体客体失败的创伤体验之中。而病人正是通过拼命地试图抓住补偿性的自体客体纽带，才使自己摆脱困境的。

总而言之，主要的自体客体失败或破裂都会引起病人对移情的恐惧，并表现为重复性移情，即后缘。补偿性自体客体体验由病人的希望和渴望驱动，并体现在建设性移情中，即前缘。前缘和后缘处于前台－后台关系中，即当前缘处在分析关系的前台决定治疗情境时，后缘则在后台之中，反之亦然。

补偿性和防御性结构与策略

科胡特（1981）引入的另一个临床相关鉴别，是防御性结构和补偿性结构之间的差异。防御性和补偿性结构都有相同的目的：保护和维持自体，或者支撑一个人脆弱或濒临崩解的自体体验。不同之处在于补偿性结构能够体验到发展性转变，而防御性结构则不能。

补偿性结构能够经历一个发展性转变的过程，并成为一个人自体的持久适应性的维度，从而增强和巩固其自体体验。它们不但可以来源于真正的自体客体关系，而且也可以来源于对可以实现个人抱负的工作的积极投入，也包括艺术、智力或科学上的追求和爱好，以及其他形式的对个人有意义的活动，如参与文学、音乐、电影、园艺、烹饪、体育、人道主义事务等等。参与这些形式的活动都可以起到补偿性的自体客体功能，自体体验可以围绕它们来组织，还可以巩固自体感。

防御性结构也是支撑、保护或恢复自体的表现，但它们源自诸如吸毒、割伤自己、暴饮暴食、清洗、囤积、强迫性手淫、性或爱成瘾、强迫性穷思竭虑等活动，以及精神病性心事重重和妄想等。防御性策略的特征是它们不会促进自体体验的发展性转变，这意味着它们不会促进自体体验的加强。它们只是暂时支撑一下脆弱或濒临破碎的自体体验，因此需要刻板地、无限期地重复，而且不会带来自体体验的成长和转变。例如，一个人在经历过屈辱的失败后，无论吸多少次快克（可卡因的一种），或强迫性自慰，或暴饮暴食——这些活动虽然暂时支撑了失败的自体感，但都永远不会导致自体感的成长或转变。

防御性和补偿性之间的区别可用以区分病理性和健康形式的自恋。在病理性自恋中，由于早年的照护环境中自体客体体验的创伤性失败，以及补偿性自体客体发展线的缺乏，一个人会以严格的防御性方式依赖与他人和行为的连接。而这些都不能促进自体发展。相反，这些绑定和行为需要无休止地重复和严苛地坚持，就像任何类型的成瘾一样，如赌博、性、买彩票等。

如果这些行动和与他人的连接没有被治疗师识别为防御性的，而被认为是补偿性的，并将其作为真正的自体客体纽带予以回应，甚至被鼓励，它们就会变得更加根深蒂固，更加僵化，且没有任何自体转变发生。这与真正的自体客体纽带发生的情况恰恰相反。

科恩伯格（Kernberg，1975）描述的病态自恋，即渴求（crave）[4]镜映、密友或理想化，不应与科胡特心目中的自恋病人混淆。后者渴望（yearn）镜映、理想化或密友自体客体的移情，以便在脱轨之处恢复发展。在病理性自恋者身上没有恢复发展或转变的过程，因为没有可用的补偿性发展路线；相反，他们会采用一种自恋性防御。镜映防御性地夸大自体的镜像不会导致共情的发展（就像镜映夸大自体的发展形式一样）；它会导致傲慢的根深蒂固。

在主体间自体心理学的语言中，以需求形式呈现的防御性自恋渴求看似是前缘的表现，但实际上是后缘的表现。它们是防御性策略的表达，以保护自己免受自体崩解的威胁。而自体崩解的威胁是由再次发生的、创伤性自体客体失败引发的。与其将它们视为对发展的渴望，不如用它们所起到的防御功能来进行解释。

当自恋的病理形式没有与发展形式区分开时，防御性的自恋状态就仍未被分析。这表现在更根深蒂固的傲慢自大和对邪教人物的病态理想化，以及谄媚的密友表现中。只有当自体客体的需求是补偿性的，即源自补偿性的自体客体发展路线时，才能以促进自体客体移情纽带展开的方式与病人接触。病理形式自恋的产生恰恰是因为没有自体客体发展的补偿发展线，或者因其太不可靠且令人担忧。这给一个人带来了对自体的巨大威胁。结果是这个人别无选择，只能依靠自恋防御来抵御自体的崩解。

很明显，我们认为必须将自恋的病理形式与发展形式区分开来。然而，主体间自体心理学家处理这些防御性自恋的方式与传统精神分析或科恩伯格式的分析不同。从主体间自体心理学的角度来看，自恋的防御在维护和保护自体中所发挥的功能需要被诠释。治疗师可能会按图索骥地对一个病态自恋者说："鉴于你父亲是个可怕的人，而你也不知道他究竟在你身上发现了什么他所看重的东西。我理解了为什么在你的母亲陷入抑郁并突然在情感上缺席之后，向父亲寻求指导对你来说会感到危险或有害。而母亲则不同，即使她是出于自己的需要，你也觉得这个人是一直支持着你的。结果，你开始依赖并顽固地坚持一种古老的幻想，认为自己是最伟大、最万无一失的人——一个天才——不断渴求被肯定，并在任何时候都要求成为关注的中心。"[5]然而，我们同意科恩伯格的观点，这会导致自恋性防御的巩固。通俗地说，治疗师镜映防御性的夸大，接纳防御性的理想化，或者分享防御性的密友体验，不知要等到何年何月。这样下去，任何导致自体体验展开和自体结构转变的发展路线都不会恢复。相反，病态自恋的状态会得到加强。

治疗师

不仅病人会带着希望和恐惧进入治疗，我们作为治疗师也是如此。和病人一样，治疗师也会将他的希望和恐惧带到治疗情境之中，而那些希望和恐惧会引起治疗师的建设性和重复性移情。因此，治疗师的前缘和后缘共同决定着治疗情况。

治疗师也渴望从病人那里获得某些肯定的体验。我们渴望被视为有能力和有效的治疗师，是有能力胜任的倾听者和敏锐的诠释者，也是共情的、有洞察力的、聪明的、有爱心的和可靠的治疗师。我们渴望这些品质得到验证，以保持我们作为称职治疗师的自体感。这些需求与更具体的人和自体客体需求相结合——可能更多是围绕夸大、理想化或密友关系来组织的——共同决定了治疗师的自体客体移情需求，并构成了治疗师的前缘。

理想情况下，基于分析师自己的分析和训练，我们的自体客体需求相对于病人的需求是处于成熟水平的。这意味着治疗师的自体体验或自体感十分稳固，因此我们能够响应病人的自体客体需求，并能够促进病人的治疗意向和目标的达成。如果治疗师的自体客体需求处于更成熟的水平，那么当治疗师自己的自体客体需求在精神分析的二元互动场中没有得到充分满足时，治疗师也不会受到自体客体关系破裂和自体崩解体验的过度干扰。对于治疗师来说，这也是我们拥有维持自体客体体验的来源很重要的原因之一——无论是个人生活中的，还是专业上的——如朋友和爱人，以及督导和同辈的支持，而且跨专业参与文学、音乐、娱乐，以及符合我们需要的、有价值的事情，都是有意义的。然而在任何情况下，治疗师心理成熟度这个概念并不是绝对正确的。尽管病人的自体客体需求持续构建着治疗关系，但在治疗过程中的某一特定时刻，治疗师的自体客体需求也可能会比病人的自体客体需求更迫切地被感受到，进而主导精神分析的二元互动场。

在治疗情境中，病人有理由期望治疗师的能力足够稳定，以便治疗师能够以最佳方式参与病人不断舒展开来的重复性移情和/或建设性移情，在不受自身主观性干扰（包括我们的前缘渴望）的情况下，发挥治疗师的分析功能。

作为治疗师，作为一个人，我们也会体验到自己对工作的恐惧，这是人之常情。我们担心在治疗过程中，我们可能会以一种复制自体状态的方式从治疗关系中脱离出来，这些自体状态源自我们自身过去的创伤性关系模式，让我们感到虚弱无力、不知所措、无能、暴露无遗、沮丧、愤怒、内疚或羞愧。当意识到这些恐惧时会激活我们与病人相关的重复性移情模式，进而导致治疗关系的分离和断裂。这就是说，治疗师的体验也受到自己重复性移情的影响，重复性移情构建了分析关系，也构成了治疗师的后缘。这就是传统上所说的治疗师的反移情。如果治疗师在高中时代感到被同龄人排斥，那么当病人寻求建立密友移情关系时，治疗师就可能会在治疗情境中努力保持情绪平衡，因为对治疗师来说，这会让他想起高中时代的痛苦体验。

治疗情境

由于治疗师和病人都将他们各自的前缘希望和后缘恐惧带到了治疗情境之中，治疗情境被最恰当地概念化为一个由病人和分析师的情感和体验世界的交汇所创建的主体间场（Stolorow，Atwood & Brandchaft，1987）。

由史托罗楼、阿特伍德和布兰德沙夫特（1987）发展出的主体间理论的核心主张是所有心理现象，从情绪健康的自体状态到最严重的自体障碍形式，都是由主体间相互影响的主体间场决定的。这一核心主张抓住了所有情绪或心理现象的根本背景（Stolorow& Atwood，1994）。

因此主体间理论最激进的表述是，在治疗情境中，任何自体状态，无论是病人的还是分析师的体验，都不能脱离其发生的主体间背景去理解（Stolorow & Atwood，1994）。

用主体间自体心理学的语言，我们将治疗情境理解为是由病人和治疗师情感世界的前缘与后缘交织在一起而构成的。我们试图分析和修通的后缘，以及我们试图参与和展开的前缘，都出现在了治疗情境之中，由复杂的交汇产生。治疗情境是相互影响的双向互动场（Stolorow，1997），病人和治疗师的前缘和后缘共同决定了前缘与后缘在前台–后台关系中的不断变化。

疗愈是怎样发生的

从前缘和后缘的角度来看，弗洛伊德最初构想的精神分析是一种后缘理论：它的核心是修通病人的重复性移情。精神分析方法专注于解决人的内在冲突，这些冲突在与分析师的移情关系中表现出来，通过洞见使潜意识（被压抑的）的东西意识化。因此，我们可以说：经典精神分析的治疗作用主要来自后缘的工作。

弗洛伊德一开始就意识到，为了分析神经症性移情，除了重复性移情之外，还需要有一些东西，这样分析才能发挥作用。病人必须对分析师有着弗洛伊德所说的“完全积极的感受”（弗洛伊德，1912）。这些积极的感受解释了这样一个事实：即使在重复性移情的痛苦之中，病人也会接受分析师的诠释，并参与探索的过程。对分析师完全积极的感受构成了后来被称为“工作联盟”的基础（Greenson，1967）。

随着精神分析开始扩大其范围，并开始解决前俄狄浦斯症状、自恋和边缘状态，即我们所说的中度至重度自体障碍，修通负移情或重复性移情的工作开始被理解为分析工作的核心。精神分析理论和实践中的大部分创新来自对移情工作技术的改进和修正。但也正是在前俄狄浦斯的条件下，分析师作为一个新客体的想法出现了（Winnicott，1965）。这意味着分析师是“足够好”的客体（Winnicott，1955），因此不是负移情的对象。

前俄狄浦斯期的病人需要分析师提供的不仅仅是洞察，还有一种新的体验，以弥补病人童年早期体验和自体结构中缺失的东西。如果与分析师在一起没有新体验，病人被认为仍然陷入负移情中。

为了不发生这种情况，分析师必须是一个“足够好”的客体。

“足够好”意味着对治疗结果产生影响，进而共同决定治疗作用的是我们作为分析师的身份以及我们如何与病人互动，而不是我们的病人如何体验作为分析师的我们。然而思考分析师如何改善病人的健康情况，以及分析师在分析二元场中需要什么才能实现这一目标，人们对此不以为意，并将其视为用心理治疗之锡稀释了精神分析的纯金。能容忍的至多是作为参数引入，其中分析师被认为是作为病人有缺陷自我的辅助（至少在一段时间内），直到上述“参数”不再必要，可以通过诠释来解决。一切都被视为提供“矫正性情感体验”（Alexander，1950），因此不再被视为精神分析。很难理解精神分析师作为新客体所能提供的除了矫正性情感体验之外，还有其他什么。事实上，即使是分析师的诠释本身，也提供了一种矫正性的情感体验。因为在那一刻，分析师没有像早年的照护者那样对病人做出回应。

在传统的精神分析中，与前缘一起工作，积极参与并与人的健康维度一起工作，以及思考分析性工作如何促进或加强人的某一方面——这样的想法被忽视了；往好了说，这样做被视为一种意外的副作用；往坏了说，这样做被视为“不是一种精神分析”。如前所述，只有后缘的工作，才被认为是精神分析性的和疗愈性的。

令人惊讶的是，这种治疗模式在自体心理学中基本仍然在沿用。在《精神分析治愈之道》（1984）这本书中，科胡特用大量篇幅将治疗作用描述为对断裂 – 修复循环做诠释所产生洞察的结果。这意味着对后缘的诠释。

我在这里提出一个反转：将经典的精神分析治疗理论，包括科胡特的治疗理论，颠倒过来，即在主体间自体心理学中，主要的治疗作用来自前缘的参与和发展。与后缘一起工作，虽然不可避免，而且也是必要的，并且它本身就是一种变革，但是服务于我们主要目标的还是前缘的展开和发展。

从主体间自体心理学的角度来看，当病人的前缘在与分析师的前缘互动中展开时，疗愈是通过病人前缘移情的系统参与和发展带来的。作为该过程中的必要步骤，这项工作也不可避免地需要修通后缘。

疗愈体验的充分条件是前缘的工作。尽管不是疗愈体验的充分条件，但后缘的工作确实是必要的。这种治疗模式意味着在同一治疗情境之中，有两种不同的治疗作用。第一种类型的治疗作用源于建设性自体客体移情是完好无损的，前缘在前台，病人有从治疗情境中获得情感滋养的体验——镜映、密友或理想化——这是自体发展所必需的。当自体客体联结破裂、重复性移情被激活、后缘在前台时，分析师的诠释产生了第二种类型的治疗作用。然后通过修通破裂，进而修复联系的努力，分析师的诠释专注于阐明重复性移情。

史托罗楼和阿特伍德在他们论述疗愈之道的著作《精神分析治疗：一种主体间的方式》（1987）之中，在理论上论述了两种不同形式的治疗作用。他们将分析工作区分为改变现有的自体结构和构建新的自体结构。当与分析师的自体客体联结断裂，也就是说当主体间场出现破裂时，通过分析师的诠释可以改变现有的自体结构。而新自体结构的建立则发生在与分析师的自体客体联结完好无损之时。正是在这样的时候，病人有一种持续的自体客体移情渴望得到满足的体验。

现有自体结构的改变是通过对重复性移情的诠释而发生的。

新的自体结构的发展则是通过建设性移情的参与而发生的。用前缘和后缘的语言重新表述就是：当病人的后缘在主体间场中与分析师的后缘相互作用时，通过对后缘的诠释实现了现有的、适应不良的自体结构的转变。当病人的前缘在主体间场中与分析师的前缘相互作用时，通过主体间场中前缘的参与和展开，实现了新的、健康的自体结构的发展。

以这种方式理论化治疗过程，我们正在迈出科胡特自己还不能迈出的一步，至少在概念上他是无法接受的，尽管他在临床工作中已经很清楚地做到了。如上所述，当科胡特讨论治疗过程时，他仍然关注后缘，并将治疗作用定义为提供洞察和对自体－自体客体联系破裂的诠释。是的，这种诠释工作被定义为恢复自体客体纽带。但是当自体客体联系完好无损时，科胡特对接下来会发生什么还没有提供一个理论解释。

如果科胡特关于疗愈之道的概念是正确的，那么不可理解的是：既然完好无损的自体客体纽带没有治疗获益，又为什么要维护持续的自体客体联结呢？如果真是这样的话，最好制造尽可能多的破裂，因为治疗作用仅仅来自对这种干扰的修通。

显然，这不是我们在治疗中的做法，也不是科胡特的做法。而且这种做法也不可取，因为它会破坏病人和治疗师努力建立并维持的联系。这种联系是病人前缘参与的结果，也是情感和心理结构发展的最佳条件。在疗愈之道的理论表述方面，科胡特还不能走得更远，因为他害怕自体心理学因提出矫正性情感体验的想法而被指责。对他来说，这会在专业上对他产生重大的负面影响。

在这方面，最重要的自体心理学家是玛丽安·朵缤（Marian Tolpin）。在她的开创性论文《对正常发展进行精神分析》（2002）

中，她超越了对诠释后缘的关注，开始讨论前缘的治疗作用。玛丽安·朵缤在论文的开篇就指出传统的精神分析家关注后缘，“因为我们不支持顽强向上的健康萌芽，也不促进它们的出现和生长，无意间对治疗设置了来自分析师单方面的限制”（第 168 页）。此后，玛丽安·朵缤继续发展了在精神分析实践中如何支持“顽强向上的健康萌芽”这一想法，即前缘。

另一位重要的自体心理学家是霍华德·巴卡尔（Howard Bacal），他提出了恰好的回应的概念。巴卡尔将治疗师的自体心理学立场定义为：寻求对病人不断发展变化的自体客体需求，并做出恰好的回应。在巴卡尔之后，治疗师们在工作中不再仅仅被定义为像弗洛伊德那样挫败病人的退行性欲望和有进取心的愿望，也不再像科胡特所建议的那样，以“恰好的挫折”（意味着非创伤性的挫败）为指引。相反，自体心理学治疗师的新指南是对病人不断发展变化的自体客体需求做出“恰好的回应”[6]。莱塞姆（Lessem）和奥兰治（Orange）（1993）指出，病人和治疗师之间形成的自体客体纽带是主要的疗愈因素。

即使是主体间性系统理论，虽然已经清楚地阐明了在自体客体联系完好无损时治疗是怎样发挥作用的，但分析师们仍然主要关注对破裂–修复循环的诠释，而不愿意提倡积极主动的想法。当自体客体联系完好无损时，即当前缘在前台时，不愿意积极参与前缘，促进治疗过程。克里斯·杰尼科（Chris Jeanicke，2015）在题为《寻找关系家园：治疗作用的主体间观点》的著作中，切中要害地以一种扣人心弦且非常个性化的方式，描述了治疗的获益来自修通治疗师和病人共同创造的失败。克里斯说道：“我的论点是，为了把疗愈的观念概念化，我们必须对失败的概念发展出一个新的观点。”他说“失败和痛苦是构成主体性整体所必需的组成部分”（第 2 页）。罗伯特·史托罗楼在这本书的封底书评中写道：“这本书的独特之处在于它强调失败的重要性，无论是病人的，还是分析师的失败，都会推进治疗过程。”

修通病人和治疗师创造的失败确实代表了病人和治疗师转变性体验的独特机会，并且是治疗过程的重要维度；但这样说仍然是为了把重点放在后缘的工作上——科胡特努力证明的自体心理学与传统的精神分析没有任何区别。传统精神分析的治疗作用只是来源于对自体客体关系破裂（无论是由病人，还是由治疗师造成的）的重复性诠释，而不是来源于情感上的有益体验，即使自体客体联系是完好无损的，而且也不需要诠释。

作为主体间自体心理学家，我们没有科胡特所面临的限制，可以在治愈之道中自由地赋予前缘工作恰当的地位。我们希望能够理解和解释，当自体客体联系完好无损时，治疗作用都包括什么。我们希望在与前缘工作时，制定指导我们临床实践的指南（请参见第 8 章）。

正如史托罗楼、阿特伍德和布兰德沙夫特（1987）所提出的那样，当前缘参与并且自体客体联系完好无损时，结构新建就会发生。病人的前缘与治疗师的前缘互动的持续体验所产生的治疗作用就是新心理结构的发展。这可能表现为病人新发展出来的，或增强的组织和调节情感的能力，发展和巩固新的自体状态，包括胜任力、共情、幽默、智慧、悲伤和活力，以及一种新产生的自主感。

这些自体发展的新维度和自体维度的巩固是因为病人在主体间互动场中的持续体验，分析师的调谐性参与，以及与病人的建设性移情保持谐调。我们引入“调谐性参与”以区分“恰好的回应”，并强调分析师不仅要做出回应，而且在让病人的前缘体验参与移情方面发挥积极作用。分析师必须及时出现，并积极参与到病人的前缘渴望之中，为病人提供可靠且持续的与理想化人物融合的体验、镜映或密友关系。病人和治疗师之间这种持续的自体－自体客体纽带提供了获得和巩固新生自体结构的发展机会。

治疗师与病人的前缘调谐式结合以不间断的方式持续，持续时间越长，治疗作用就越大。正是在这些时候，病人的自体客体渴望和希望得以实现。自体客体移情纽带完好无损，建设性移情持续舒展开来，这些都有助于病人自体体验的发展和巩固。这是一种矫正性的情感体验，它来自前缘的工作，并产生疗愈作用。

我们现在可以将治疗作用概念化为由两个独立但相互关联的过程组成：

1. 当治疗关系完好无损时，建设性移情的调谐式参与。
2. 当治疗关系破裂时，对重复性移情的共情性诠释。

当自体客体联系完好无损时，与病人的前缘进行调谐；当自体客体联系被破坏时，对后缘的共情性诠释。这构成了主体间自体心理学的治疗作用。

对后缘的共情性诠释显然也需要病人的前缘体验，因为它们恰恰不是重复，而是会导致心理结构的构建。反之亦然。前缘相遇的持续体验为病人提供安全感，让治疗师能够做出后缘诠释，而不会被病人拒绝或产生关系的破裂。这方面的一个例子可能是“边缘”的病人，当感觉自体客体联结完好无损时，他们可能能够听到并理解他们的暴怒倾向。然而当自体客体关系发生破裂时，同一位病人会坚决拒绝相同的诠释，进而加剧病人的暴怒和保护性防御。

原则上，病人和治疗师的前缘和后缘交汇互动会产生四种不同的主体间组合，为病人和治疗师的治疗创造了不同的机会。

第一种情况

病人的后缘遇到治疗师的前缘，有潜在的可能性发挥治疗作用。在这种情况下，在与治疗师的关系中，治疗师提供解决病人后缘体验的诠释，治疗作用就在于此。病人陷入与治疗师的重复性移情之中，需要诠释并阐明他的主观世界，治疗师也能够提供诠释，因为她处在自己的建设性移情之中，感觉在自己的游戏中处于最佳状态，不断练习自己的技艺。这种对病人后缘的诠释，说到点子上的诠释，导致病人现有的自体结构发生了转变。由于治疗师感觉到自己的诠释是有效的，也喜欢自己对治疗的推动力，就会导致治疗师的前缘自体体验得到发展和巩固。在病人身上，现有的自体结构正在被改变；而在治疗师身上，新生的自体结构正在被巩固。这正是治疗师和精神分析师一直以来理想的做法。

当分析师的自体客体需求相对更成熟，分析师在诠释病人的后缘恐惧，以及伴随而来的防御和自我保护努力时，就会表达出共情和理解。病人也会感觉到，并更有希望、更有动力去改变。这种对病人恐惧和自我保护的诠释挑战了分析师的消极预期，并鼓励分析师渴望参与到治疗之中。结果是病人感到更加自信和积极，这反过来有助于让分析师感到更有内聚力和活力。

第二种情况

当治疗师移情的后缘与病人移情的前缘相遇时，治疗师也有可能发挥治疗作用，尽管不那么传统。之所以说不那么传统，是因为在这种主体间互动组合之下，治疗师会陷入自己的重复性移情。面对病人对治疗师后缘的诠释，任何治疗作用都要求治疗师保持开放和接纳。病人可能参与到治疗师的建设性移情之中。在这种主体间的互动组合（病人的前缘遇到治疗师的后缘）中，病人能看到治疗师需要帮助，因为治疗师不断将自己的重复性移情付诸行动；病人能够提供帮助，因为病人处于自己的建设性移情之中；病人把自己体验为治疗师的角色，开始感到被重视，重视自己为治疗师提供的帮助，因为治疗师陷入了他的劣势，因此也就扮演了病人的角色。病人对治疗师后缘的这种诠释导致治疗师现有结构的转变，并且需要病人新发展或重新出现的自体结构的参与，治疗师的转变才能得到巩固。这些结构可能是病人的新能力，即共情、洞察和自我反省。而早些时候，因治疗师后缘的见诸行动而导致的（自体客体联系的）破裂让病人可能会感觉不知所措，进而把病人推入后缘的重复性移情之中。

在这种情况下，治疗作用源于病人能够对治疗师的后缘提供诠释的体验。这会构成（病人的）前缘体验，并为病人带来构建新（自体）结构的体验。对于这种情况下的治疗师来说，治疗作用源于病人对治疗师后缘的诠释，进而导致治疗师自体体验的结构性转变。

第三种情况

当病人的后缘与治疗师的后缘相遇时，治疗最有可能陷入僵局，因此不会有任何效果。在这种情况下，双方都陷入了各自的重复性移情及其见诸的行动之中，在治疗关系中创造了一种主体间的僵局。在这种情况下，病人和治疗师都在彼此上演着他们后缘移情的剧情，并对彼此做出反应，就好像每个人都是各自过去创伤性移情中的人物。病人和治疗师都感到被对方深深地误解了。正如史托罗楼所说的那样，每一个人都将自己置身于一种主体间性情境之中，而对对方来说，这个情境却并不存在。无论是病人还是治疗师，都无法从对方的体验中认识自己。

在治疗所谓的边缘病人时，经常会遇到这样的经典僵局，而且在最严重的情况下，可能会让参与双方都感到非常不安。然而这种分离的主体间组合会发生在几乎所有治疗关系中。因为病人的重复性移情有很强的力量促使治疗师产生重复性移情，反之亦然。

这种情况下，治疗效果如何取决于治疗师或病人的互动，最好的情况是双方都能从他们各自的后缘自体体验中“摆脱”出来（Stolorow，1984），并在对方的帮助下进行分析和修通主体间互动的组合。乌尔曼和史托罗楼（Ulman & Stolorow，1985）恰如其分地创造出了“移情 / 反移情神经症”，如同一枚硬币的两面一样存在于主体间场。最近，阿特拉斯和阿隆（Atlas & Aron，2018）将其命名为戏剧化的展现。[7] 当我们能够按照自己的方式修通这种主体间僵局时（当然，有时我们做不到），我们不仅感觉到我们已经渡过了难关，而且感觉到我们已经成长。这种成长既意味着现有旧结构的转变，也意味着新结构的出现。这就是阿特拉斯和阿隆（Atlas & Aron，2018）所说的“建设性展现”。

第四种情况

当病人的前缘与治疗师的前缘相遇时，我们有最大的治疗作用和最好的治疗体验。在这种促进性的主体间背景之下，病人渴望的自体客体体验与治疗师渴望的自体客体体验相匹配，从而创造了一个对病人和治疗师的结构建立有帮助的主体间场。在这种情况下，建设性移情对双方都是稳固的，而且自我肯定的经验是双向共享的，巩固了病人和治疗师的自体经验。分析中的每一个阶段都是幸运的主体间场的表现，不仅分析进展没有明显的破裂，而且情感上也是鲜活和深刻的。这最有力地支持了持续的矫正性情感体验，导致了新自体结构的获得和巩固。

当病人感觉到分析师带着理解、希望和鼓励参与自己新出现的自体体验中时，他或她会感到更加自信，并能够做出改变。在这种促进性的主体间背景下，病人渴望的自体客体需求与治疗师相对更成熟的自体客体需求相互匹配的体验为病人采用新的自体体验和关系模式创造了条件。在这种情况下，两个参与者都体验到了建设性的主体间场是坚实的和自我肯定的，因此双方都感到他们的自体体验得到了加强。只要在治疗关系之中，治疗师和病人感到了可靠的连接，并在情感上参与到建设性移情之中，就可以被理解为身处幸运的建设性主体间场了。

虽然出于启发式目的，我将两种形式的治疗作用分开了，但在临床工作中，这两个维度将始终以前台 - 后台的关系存在。每一次结构性转变都伴随着新结构的产生，每一个新结构也必然伴随着结构性转变。

综上所述，主体间自体心理学的治疗作用有两个来源：我们既要关注后缘的工作，也要关注前缘的工作。当后缘是主体间场中活跃的中心主题时，治疗性干预需要的是治疗师的诠释，即对导致主体间场破裂的重复性移情做出共情性探索和阐释。伴随而来的，不仅有复苏的恐惧，也有保护性措施——我们赖以恢复或修复联系纽带真切断裂的保护措施。从移情的角度来看，这种诠释会导致现有结构的转变。这表现为对潜在的中心组织原则不断加深的理解，对伴随的潜意识幻想不断加深的理解，以及深入理解和接纳自体体验中被分裂的部分。

这种诠释的原型是这样的：因为你体验到我有些心烦意乱，所以当你谈到你在考虑向老板要求加薪而感到焦虑时，你认为我是在轻视你。我理解你为什么退缩，为什么会被身体部位支离破碎的意象困扰，你试图通过确保把所有鞋子都排好来应对。

这种诠释可能包括对治疗师自身体验的提及，例如："当你提出当面与你的老板对质时，我对此感到焦虑，从而让我远离你，这也许能说明你体验到我蔑视你的原因。特别是当你父亲喝醉酒的时候对你的蔑视是一次又一次的屈辱经历。我们已经开始理解你有多么无助了。"

当前缘在主体间场中突出、活跃时，治疗师被体验为以最佳方式参与到病人的核心自体客体移情渴望之中。病人和分析师都参与到彼此的建设性移情之中，而且治疗作用是发展出新的结构。这是主体间自体心理学的目标，而治疗师的目标是发展和维护这种疗愈性主体间互动组合。在治疗的这一阶段，治疗师与病人所有形式的接触都是为了促进前缘移情的维持。病人将治疗体验为一种建设性的主体间场有利于不断深入展开自己的前缘。为此，治疗师需要细致入微地理解病人所渴望的建设性移情，并参与到病人的前缘需求之中。在主体间场中，治疗师随后的沟通需要与病人对核心自体－自体客体体验的理解保持一致，这是病人在主体间场中所寻求维持的。

尽管对后缘的诠释很重要，也很必要，因为对后缘的诠释会导致现有结构的转变。然而，它们主要是达到目的的一种手段，最终的目的是前缘的舒展。正是通过这两步过程，即通过诠释后缘 / 重复性移情实现的结构转变，和通过调谐性地参与前缘 / 建设性移情发展出的新结构，构成了主体间自体心理学的疗愈之道，带来转变、修复、成长和疗愈。

以前缘工作为治疗目标的理念指导下的心理治疗实践，不仅与经典精神分析工作有着根本的不同，而且与传统的自体心理学、主体间系统理论的治疗工作也有着根本的不同。主体间自体心理学家一直积极寻求参与和保持前缘移情，试图建立一种建设性的主体间场以培养病人“健康向上的萌芽”。

如果我们赞同这个想法，我们就需要发展我们对前缘工作的理解。不过这远超出了本章的范围。在主体间场中，如何以促进前缘移情展开的方式与病人互动，以及如何开展临床工作以培养健康向上的萌芽或新生的自体，这其中的复杂性需要更广泛的探讨和阐述。这将是第 7 章的话题。

注释

1. 我要感谢我的同事哈里 · 保罗（Harry Paul），与他 40 年的友谊为持续的、互有获益的临床对话提供了背景，促进了我在心理治疗中更深入地理解前缘的重要意义，这是本章重新定义心理治疗作用的基础。
2. 关于心理治疗作用模式的全面介绍，请参阅玛莎 · 斯塔克（Martha Stark）的著作（1999）。

3. 加利特·阿特拉斯（Galit Atlas）和刘易斯·阿伦（Lewis Aron）在他们的著作《戏剧对话》（2018）中介绍了“生成性表演”的概念。它相当于我们的术语“建设性移情”，指的是在（角色）设定中嵌入逐渐发展的维度。然而在我们的表述中，建设性移情是指病人在与治疗师的关系中所必须获得的体验，以恢复自体发展的内在渐进式努力，并不构成重复或见诸行动。
4. 我感谢布莱辛·赫尔顿（Blethyn Hulto）提出了“渴求”和“渴望”两个术语之间的区别。
5. 关于如何分析防御的深入学习，请参见科胡特在《精神分析治愈之道》（1981）中关于这个话题的章节。
6. 请记住，在病人治疗关系中的特定时刻，“恰好的回应”可能意味着非创伤性的挫败。换句话说，对于治疗师而言，恰好的回应不应该简单地与适应病人，或更糟的情况：与适应病人的病理相混淆。
7. 阿特拉斯（Atlas）和阿隆（Aron）也描述了病人的前缘与分析师的前缘相遇的情况。这就是阿特伍德和史托罗楼（1984）所定义的主体间联系。虽然主体间联系有潜意识的维度，但我们所描述的病人和治疗师前缘的主体间交汇却是积极地、自觉地追求最具建设性的主体间场。

第五章

主体间自体心理学的治愈之道（下）

瑞奇的案例

阿维娃·罗德[1]

* * *

在本章中，我将通过讨论我对瑞奇（Ricky）的四年治疗来展示主体间自体心理学治疗的基本原则。我不会严格按照时间顺序来呈现这个案例，而是将重点放在治疗中的一些时刻，这些时刻阐明了主体间自体心理学（ISP）的核心思想，共同讲述了瑞奇在治疗中的转变和成长经历。在我描述了把瑞奇带入治疗的挣扎之后，我将讨论建设性和重复性的主题，以及随着时间推移出现的前缘和后缘移情。因为这个治疗是按照主体间自体心理学的观点进行的，所以我还会讨论瑞奇与我自己的前缘和后缘在治疗关系中的相互作用。将这些选定的主题结合在一起，描绘出一幅瑞奇转变的图画——从抑郁的绝望和潜意识的见诸行动，到反思性的自我意识、周到的自我照顾和内聚的自体感。这种转变展示出主体间自体心理学取向工作的价值。

关于瑞奇的简要介绍

电话里，要求咨询的声音听起来阴沉、痛苦、勉强。显而易见他不想参与治疗，就更别提他向我说的事了：他在换班时与一位同事吵架，挫败之中他打出去一拳。如果他想保住工作，他就必须按雇主的要求接受心理治疗。他花了很长时间才决定去看心理医生。

门铃能准时响起，这让我感到惊讶；开门后，我更惊呆了，眼前的年轻人干净整洁，穿着西装和皮鞋，还戴着领带；他大步走进我的办公室，匆匆脱掉西装上衣和领带，并踢掉鞋子，我再次震惊了。我们的心理治疗是从瑞奇的提问开始的："猜猜我刚刚去过哪里？"我当然不知道，而且也实话实说了。"法庭。"他说。"那个该死的警察以为我闯了红灯——我当然没有！——然后警察抓住我私藏大麻。今天是回应指控的庭审日。私藏大麻的人跑掉了，我只是碰巧在车上。"我问："后来怎么样？""没什么大不了的。我要做的就是别惹麻烦，然后我的违法记录就会被清除。"这就是我第一次见到瑞奇的情形，他是 24 岁的辍学大学生，有着制造麻烦的本事。

瑞奇第一天的虚张声势掩盖了他长期的严重抑郁症。他会整天躲在自己的房间里，冒着被解雇的风险，也不工作；要么失眠，要么睡过头；受到挑战时，要么被动易怒，要么沉默退缩。瑞奇可能会惩罚性地自我贬低，或者表现出傲慢和自负。虽然他从未尝试过自杀，但他时常有自杀的念头。他也经常酗酒。

瑞奇的表现充满着矛盾。一方面，他看起来比他的实际年龄年轻得多：他穿着随意，满不在乎，就像一个迟到的初中生（尽管他第一天穿了西装）。他要么瘫倒在椅子上，要么坐立不安。讲话鲁莽叛逆，又自作聪明。他用的都是青春期前的情感词汇。另一方面，他机智敏锐，才智超群。他丰富的知识和流畅的思路反映了他天生的才华和异常发达的抽象思维能力。

他能如饥似渴地吸收信息，能像我所认识的人那样回忆起细节和细微差别，短时内以敏锐的目标感和方向感综合各种想法。每一次会谈中，完全缺乏发展的情商与发展得很好的智力之间形成了鲜明反差。

病史

瑞奇的父母都有工作，他是三个男孩中的老二。他的母亲是一个很实际的女人，缺乏能力、耐心、同情心和关注。母亲出现的大多数时候，都在因为瑞奇太粗俗、太苛刻而恼怒。我察觉到母亲对瑞奇刚强的表现感到尴尬，这与家庭更传统的风格背道而驰。我脑海中浮现出这样的画面：瑞奇的过激反应和与兄弟们的争吵使母亲感到绝望。尽管母亲总是不耐烦，但在被绝望笼罩的午夜，瑞奇还是会打电话给她，他希望被人倾听，以此让自己平静下来。不幸的是，瑞奇的抑郁让他的母亲筋疲力尽，甚至激怒了她。瑞奇的父亲是一个脾气比较温和的人，但在处理情感方面却完全无能，对养育子女的责任也一无所知。瑞奇很少找他。

瑞奇是个很难管的孩子。他不守纪律、挑衅、无所顾忌；他从不克制自己的想法。打架、拘留、骨折，他一点也不尊重那些将纪律放在首位的成年人，他疏远他们。与此同时，他会对一切让他感动的事情全情投入，如文学、音乐、体育，他在其中表现出色。因此，虽然他桀骜不驯，一些人还是会因他的好奇心和广泛兴趣爱好而被他吸引。瑞奇从那些他认为有才干的人那里获得了赞赏。

心理治疗

从主体间自体心理学的视角出发，我要求自己理解瑞奇的自体客体需求。当前缘和后缘在移情中出现时，回应他以前缘形式表现出来的希望，同时诠释他以后缘形式表现出来的恐惧。我一直在关注自己的体验，思考他的体验和我的体验之间的关系。我对我们之间的主体间场有什么影响？对瑞奇的自体体验有什么影响？瑞奇对我们之间的主体间场有什么影响？瑞奇对我的自体体验有什么影响？这些时刻指导着我们的工作。

瑞奇的后缘

瑞奇的后缘从一开始就很明显。他和那位让他接受心理治疗的同事发生了争执，争执没有得到解决，导致他们之间发生了更多的肢体冲突。同事嘲弄他，瑞奇便猛烈抨击回去。经理对他保持冷静的能力表示怀疑，瑞奇便大发雷霆。毫无意外，他失去了这份工作。这样的模式在新的情况下依然存在。瑞奇成长经历中的“洞”让他感到极度地不被认可和令人恐惧的不安；他无法控制自己强烈的情绪，无法做到自我抚慰。面对绝望、焦虑和无法控制的暴怒，他无能为力，只会用酒精麻痹自己所感受到的痛苦。然而这样只能促进更多的冲动或攻击性行为，让自己的体验更加恶化。瑞奇普遍而深刻的自体客体的失败体验导致了抑郁和冲动控制障碍症状的出现，他的后缘需要诠释。

自体客体（移情）的主题

对后缘的明确探索，常常让位于瑞奇叙述日常生活的曲折历程。正是在早期的曲折前行之中，我们发现并发展了瑞奇渴望的镜映、密友和理想化自体客体联结，这也塑造了多年来的治疗。我将会一个一个地进行讨论。

镜映主题

与瑞奇的典型会谈，包括详述从与朋友一起的或是工作的活动到对时事的思考、读过的书和关于别人的故事。有时瑞奇会抱怨他所经历的有问题的互动。他从不征求意见或建议。他只需要一个肯定的点头或“嗯嗯”就够了。如果他找到了一个故事的自然结局，他也会找到其他东西与我分享。瑞奇有时活泼，有时闷闷不乐。偶尔在某一次会谈结束时，他会暗示关于当前问题的对话，即让他接受治疗的挑衅性打架和攻击行为，或是潜在的抑郁症。但是，这些线索很少被详细阐述。一般而言，他们会觉得自己是在更新情景，而不是应约去探索其意义。

早些时候，虽然瑞奇与我进行着有意义的接触，但我不清楚他在治疗中在寻找什么，他希望在我身上找到什么，或者他可能从我们的谈话中得到什么。问他的情绪是没有用的，更深入地探索他所说的事件和想法似乎永远不可能。我让自己尽可能自然地做出回应，并希望以后能了解更多。继续让我惊讶的是，瑞奇一次又一次地参加会谈，而我一开始以为他可能会有不情愿的迹象。我意识到我的困惑让我对自己在做什么产生了一种挥之不去的怀疑，也让我觉得自己与瑞奇有点疏远了。出于这些原因，我决定问瑞奇，他觉得会谈进展如何。尽管我觉得这个问题可能会使我们的对话性质发生尴尬的转变。我带来的尴尬，好像从瑞奇脸上的表情得到了证实。“呃，这是一个愚蠢的问题。”他简单地说：“跟你谈过之后，我总是感觉好多了。”

也许这是一个愚蠢的问题，但他的回答很好、很清楚。瑞奇和我一起正在为他的体验寻找一位能够沉浸其中的接纳者。他在我身上找到了镜映自体客体体验。我愿意听，而且不加评价，这种被倾听的体验对瑞奇的自体体验来说是一种修复。和我一起，瑞奇可以深入探究他那不快乐而又混乱的生活，为分享他丰富的知识和灵活的思维而自豪，体验表达愤怒和沮丧时的解脱。瑞奇相信，我一定会在一切方面接纳他本来的样子。当我想到他母亲那不耐烦的和随随便便的批评时，瑞奇肯定也会体验到母亲的漠视。瑞奇的妈妈不愿意向他敞开心扉，加上父亲的情感缺失，这些都让瑞奇感到被忽视。我明白了在治疗中被重视、被倾听、被毫无疑问地接纳的体验是瑞奇的核心进步力量。这种镜映体验——瑞奇渴望相信有人会看到他并欣赏他——正在为他组织并构成推动治疗向前发展的前缘。

密友主题

瑞奇经常细致入微、生动逼真地谈论食物和饮料。他会谈起某家啤酒花园有一款独特的4美元一罐的啤酒；或者他会冲进咨询室，说起他刚刚吃过的一顿快餐式早餐——大谈特谈他刚刚狼吞虎咽地吃掉了一份双层巨无霸汉堡和咸薯条。有一次他回了趟老家，瑞奇提到他最喜欢的一家比萨店，叫尼克砖炉烤饼店。“对，”我说，“在9号公路和米尔布鲁克村交叉口的那个，他们在一个超大的橙色杯子里盛放小蒜瓣。”他当然会问“你怎么知道的？”我告诉他，我曾经在他老家附近的夏令营工作过，也很喜欢那家比萨店。他很感兴趣，我们的谈话转向了我们都知道的那些地方，以及我过去的青春期和他刚经历过的童年之间有什么不同。然后他问：“你为什么不告诉我你对我的家乡很了解呢？”他直截了当的问题，让我吃惊不小。私下里我意识到，自己对瑞奇很谨慎且很克制，因为我不太明白他在治疗过程中发生了什么。我一直不假思索地遵循着精神分析代代相传的建议：如果你不知道该说什么，那就什么都不要说。我脱口而出的评论让我和瑞奇一样感到惊讶，部分原因是我自己还未明确表达想要积极参与对话的需求。我告诉他这种联系是因为我想和他分享我对尼克家比萨店的喜爱。所以，当瑞奇问我为什么我从来没有说过我了解他老家时，我说："我想我是在遵循一些精神分析的中立规则，但此刻我只想告诉你，我和你一样喜爱尼克家的比萨店。"瑞奇对任何精神分析规则或标准都嗤之以鼻——他认为那些都很荒谬。不仅如此，瑞奇还对任何感觉假的东西都很警觉，也很焦虑。瑞奇认为我先前的沉默是做作的，理所当然不应该这样做。我后来自发的、更自然的反应对他来说是一种解脱，我们在一起可以直率、诚实，保持一种人与人之间的交流。我意识到，这种共享的连接不仅增强了他的自体感，对我来说也是一样。在促进我们之间的密友体验时，我们都觉得我更轻松了。

随着时间的推移，我们之间的密友体验逐渐融合了一系列主题：地点、食物、时事。它甚至让我们能够欣赏我们之间的差异。例如，我们一直开玩笑地提到瑞奇的前卫和大胆，以及我的温和与书呆子气质。或者我们一遍又一遍地聊到他对软糖的喜爱，而我却讨厌。在所有这些方面，密友体验为我们提供了一个共享的、中立的自由空间，我们可以无冲突地享受其中。共同之处是人性化的，而不同之处则打开一种游戏的感觉。考虑到瑞奇在他家人中被疏远的方式，让我有了体验到相似之处的机会，这给了他一种从未有过的、安静的归属感。就像之前提到的镜映移情一样，密友也会构成前缘的一个方面，希望人与人之间的连接也能提供一条成长路径为疗愈奠定基础。尽管密友不是治疗中最核心、最具变革性的自体客体体验，但是密友是其他更具变革性的自体客体体验的必要背景。

理想化主题

我们之间在治疗早期发生过这样一次互动：瑞奇给我讲述了他最近一个周末晚上的冒险经历，其中包括朋友聚会、啤酒、烈酒和深夜开车去 7–11 便利商店。我的反应是本能的。

"你酒后开车了？"

"是的，我想是的。"他回答道，"但那是凌晨两点，路上没人。"

"不管怎样，你酒后开车了。不要再这样做了。"

瑞奇沉默了片刻，或许有点惊讶。然后他说：

"你是对的。我不会再这样做了。再也不会这样做了。我保证。"

虽然我不能确定，但我相信他遵守了他的诺言，再也没有酒后开车。

治疗的早期，我们对彼此还很陌生。我不清楚我们移情关系的特征是什么。我也不相信我在情感上有足够的力量支持我对瑞奇指手画脚。回顾过去，我相信我凭直觉感觉到的我们看到自然反应的重要性。在我们的移情关系之中，对他的镜映和密友渴望做出自然而然的回应是至关重要的。但是此时此刻我只知道，我更了解情况，我有责任坦率地说出来。瑞奇的回应很有说服力。最初的青春期叛逆开始逐渐消失，进而转变为准备好接受指导，接纳新的东西和建立新的心理结构。由于指望不上父母的指导和引导，瑞奇陷入了困境。相反，他渴望把我体验为通晓人情世故而又关心他的父母，一个他可以依靠并从中获得指导的父亲或母亲。因为把分析师体验为了一个通晓人情世故而又负责任的母亲，他接受我清晰的说明和可靠的判断。这是我开始理解理想化的第一个暗示，理想化也是主要的自体客体渴望。最终，自体客体联结会成为发展的主要需求。瑞奇渴望把我当作理想化的向导，这是一种渴望出现的前缘。

治疗师的后缘

同样重要的是，我认识到自己的弱点在瑞奇的治疗中被激活并且修通了。在与我打交道的过程中，瑞奇表现出了一种古老的特点，即他进行某种独白的方式很少给我留下回应的空间，这可能会让我对他感到疏远。而我对瑞奇的回应也有着一贯的主题——我可能会因为不清楚瑞奇的自体客体需求而变得不那么真实，并退回到沉默中。相反，出于被人看到的渴望，我可能会格外积极地努力维护自己。虽然我对每个自体客体主题（镜映、密友和理想化）的评论最终都很有帮助，但是也可能会在某种程度上受到自己想要摆脱被动的影响。在瑞奇的治疗中，当我害怕在主体间场中被忽视时，我的后缘就被激活了。我要求自己认真、积极地关注我的退缩倾向，或我对此的防御。保持投入，这通常需要保持沉默，但积极倾听让我能够摆脱陷入被动的趋势。

治疗中最大的风险，可能就是我自己的后缘遇上了瑞奇的后缘。如果瑞奇那些感觉不被认可、孤独或不被支持的弱点，遇上我自己的不真实、逃避的弱点，他就会觉得被抛弃了，全然陷入最焦虑、最抑郁的自体状态中，瑞奇觉得除了大肆宣泄或退缩别无选择。我意识到了这种风险，并不断提醒自己保持当下，保持贴近瑞奇的体验。宁可体贴地投入，也不要谨慎逃避。

治疗师的前缘

另一方面，如果我在移情的过程中能用我的前缘迎接瑞奇的后缘，那么自信、内心的镇定与人性化相结合的自体体验就会促进共情的、谐调的和变革性的反应，我们将有可能治愈他长期存在的痛苦，并推进治疗。瑞奇把一直渴望着的母爱转移到我身上，把我当作一个稳定、可靠、关注他的母亲，这让我清楚地意识到，我对瑞奇有一种母亲般的感觉。我越能获得自己理想中母性的平静，就越能带着开放与好奇去听瑞奇的长篇故事、为他在工作中取得的成功而感到自豪、更自由地分享我自己，并在需要时坚定地以权威介入；我越能获得自己母亲般的耐心、指导和爱的感觉，我与瑞奇在一起时就越真实。这就是我的前缘。

随着时间的推移，随着自体客体联结变得更加可靠，并且随着我能更好地适应自己的前缘，诠释瑞奇的后缘便成为可能。例如，当瑞奇和他的兄弟们发生了一场激烈的争吵，让他羞愧难当、最终陷入了抑郁时，我可以诠释瑞奇镜映体验的破裂。我可能会这样说："当你的兄弟们把你排除在徒步旅行之外的时候，感觉就像以前你总是被排除在外一样。你当然觉得你别无选择，只能退缩。"我的诠释表明我接纳了他的体验，纠正了他从母亲那里受到的批评。此外，还让我说清楚了他的症状性反应。或者，瑞奇因被安排了好多额外的工作却没有得到足够的培训，而对他的新老板发脾气时，我可以诠释理想化的破裂："你太希望你的老板是你可以依靠的导师了，以至于当他让你失望时，你很难控制住自己的愤怒。"再次，在共情瑞奇深层次的渴望中，我也可以更自由地谈论他的愤怒体验。

瑞奇的前缘

幸运的是，瑞奇的前缘对我来说总是显而易见的。在瑞奇生命中的所有艰难时刻，他的真诚，以及他想要在整个世界里、在与我的关系中努力成为有尊严的人，始终是治疗中指引方向的力量。有时他会表达出无可救药的愤怒；有时他会闷闷不乐；有时只是温和的刺激却会引起激烈的争吵；有时，只有一再敦促他敞开心扉之后，他才会打破沉默。他会透露自己又发脾气了，对他在意的人滔滔不绝地谩骂，甚至大打出手。然而，瑞奇经常羞于与我分享，因为他一直很清楚他的愤怒是巨大的、破坏性的。在这些时刻，瑞奇恨自己且羞愧难当，几乎无法与我进行眼神交流。他会说“我又搞砸了”。

瑞奇非常清楚他必须改过自新。正因为如此，我不需要直接解决身体攻击的问题。相反，我可以告诉他我理解他是多么努力地成为最好的自己，伤害了他在乎的人他有多内疚，在一次又一次体验到严重的误解、疏远或绝望之后，控制痛苦的情绪有多难。在所有痛苦中，瑞奇始终真诚地想要做得更好。这就是他的前缘。正是瑞奇的前缘，既让我印象深刻，又让我感动。

治疗进展

随着时间的推移，治疗取得了进展。瑞奇的镜映和密友体验出现在主体间场的前台，并与我的前缘——对瑞奇的母爱——相结合，他的自体体验得到了巩固，生活也得到了改善。瑞奇在他所感兴趣的领域找到了一份入门级工作，这份工作有可能成为令人满意的职业发展的跳板。他开始了一段新的感情，虽然不稳定，但不会吵架了。总的来说，情感和人际关系的危机变得不那么频繁了。我相信，这些发展是瑞奇之前脱离轨道又重回正轨的结果。在镜映的体验中，瑞奇感觉自己被认可、被理解；在密友移情中，瑞奇感受到共同人性；在自体体验和人际关系方面，瑞奇开始了从不成熟形式向更成熟形式转变的过程。

与此同时，最深层的烦恼依然存在。虽然，瑞奇已经发展出了良好的自控能力，变得不那么容易攻击别人，无论是身体上还是语言上；但是，令人压抑的绝望却总是近在咫尺，让他容易受到内心失控、暴怒和酗酒的伤害。我们还需要做更多的工作。就在这时，发生了接下来的事情——

像往常一样，瑞奇谈论着他在成长过程中的社交经历：在朋友家的地下室看电视的漫长下午，在邻居的后院闲逛。这些谈话通常都会涉及与他朋友父母的关系。瑞奇拥有令人难以置信的技能，这总是令我感到震惊，因为他可以与成年人交谈，得到他们的欣赏和回应。想到在家里与父母相处时瑞奇所体验到的不耐烦和缺乏关注，我说："能得到朋友父母的关注和尊重，感觉一定很棒。"瑞奇同意了，但耸了耸肩。他接着解释道：

“他们当然爱我啦——我去的时候总是带一瓶酒。”

“我不明白，”我说，“我以为我们在说的是你 8 岁、9 岁或 10 岁时的事？”

“是的，没错。”瑞奇说，“我的父母希望我成为一个好客人，所以他们总是让我在去朋友家时给他们的父母送礼物。礼物总是一瓶酒。”

“我以为去朋友家玩的通常做法就是吃热狗和纸杯蛋糕，离开时向他们的父母说声谢谢。那时候总是那样的。”我很震惊，就这么说了。

瑞奇回应道：“显然，你知道这一点，因为你是一个好妈妈。”[2]

这里清楚地说明了主要的自体客体主题是什么——理想化，特别是沿着这条母性理想化的发展线。瑞奇自己能表达出一种对母性移情的觉察，一种对自体客体移情的渴望，他渴望得到更懂自己的人的母亲般的呵护和指导。考虑到母性理想化的失败，瑞奇容易陷入压倒性的绝望之中，而融入一个更强大、更有智慧、更自信的母亲形象的怀抱。一个引导和设定安全标准的母性形象对瑞奇来说是一种深深的安慰。这是治疗中的一个偶然时刻：瑞奇的自体客体渴望是一个值得信赖的、可靠的母亲形象，而这与我自己在主体间场的自体客体渴望正好匹配。分析师渴望被体验为一个称职的、可靠的母亲形象，可以帮瑞奇应对解离的情感状态。主体间场成为一个安全的环境，瑞奇能开始清晰地表达混乱的情感状态，并能忍受由此给他带来的焦虑。他开始觉得在与我的移情关系中，我是一个可以理想化的人物，可靠地出现在他所需要的融合体验之中。

结果，治疗变得更加开放了。例如，瑞奇在谈话中表现出来的典型强硬态度开始软化，显露出胆怯和脆弱的一面。瑞奇开始用语言来描述情绪——比如使用焦虑、愤怒、害怕、受伤等词。最重要的是，他开始谨慎而大胆地直接对我说："出了点事，我得跟你谈谈。"知道这些脆弱的地方，知道瑞奇之所以愿意分享，是因为他对我的绝对信任，我对瑞奇也越来越温柔——一种母性的温柔。这不仅促进了瑞奇的理想化和分析师的前缘发展，也是让我们能够安然度过随后的危机，并从危机中受益的必要基础。

危机

危机发生在周末，我首先通过短信了解到："我完全搞砸了。"瑞奇说。和朋友出去玩了一晚后，瑞奇在医院急诊室醒来，被告知自己是被一个不知道地址的出租车司机送来的。瑞奇只知道自己喝了几杯酒之后就失去记忆了。他感到震惊、恶心，也深感惭愧。到下一次见面前，我们一直通过短信保持联系，记录他的感受，确保他的安全，记下我们下次见面时要谈的感受。

在随后的会谈中，瑞奇开始明确地谈论他的抑郁。他悲痛欲绝，感到孤独，没有支持性资源，并且对自己与酒精的关系感到困惑。瑞奇谈到母亲对他的抑郁不耐烦，发现跟他的朋友也没法谈。他泪流满面，然后责备自己过于夸张。瑞奇说，他意识到他向世界展示了一个虚假的自己，而把真实的自己隐藏起来了。在所有这些讨论中，我对他的坦诚表示平静地欢迎，我承认他的痛苦，并表达了我的信念——我们会找到通往美好未来的道路的。

这对瑞奇来说是一段痛苦的经历，我们的谈话并没有轻易地消除痛苦。但它迎来了治疗的一个新时期，瑞奇开始更坦率、更真诚地表达他的绝望和更深层的情感，用语言来描述感受，并直接在我们的关系中寻求安慰和理解。虽然这些谈话的内容主要集中在认可瑞奇的体验上，但这样做是为了解决瑞奇的镜映需求，这些对话的背景是：瑞奇渴望让我成为他焦虑情绪的理想接纳者。我相信正是瑞奇新出现的前缘理想化有效地结合了我（治疗师）的前缘母性反应，才能让瑞奇展现出我们之前所不知道的、更深层次的情感。瑞奇信任我们的关系，持续不断地把我（分析师）体验为一个可以接纳他绝望情绪的平静而又稳定的接纳者，于是瑞奇开始发展出自我调节和自我抚慰的能力。对我自己来说，体验到瑞奇对我的前缘信任，以及不断积累的获益，我渴望成为瑞奇可靠的母亲，我感到自己的前缘优势得到了肯定。前缘与前缘相遇让我们都变得充实。

危机的解决

危机发生后的几周和几个月里发生了三个重大转变。首先，瑞奇决定去参加匿名的戒酒互助组（AA）。在互助组的活动中，瑞奇既惊讶又欣慰，他发现其他人热情地接纳了他。他们令人钦佩，瑞奇与他们志趣相投。

虽然瑞奇只是偶尔参加匿名戒酒互助会，而且他对自己是否能彻底戒酒深感矛盾，但是他已经大幅减少了饮酒，并积极地感受到这对他的健康有好处。最近一次在台球厅的社交聚会后，他给我发了短信："我清醒的时候玩得更好！"

其次，瑞奇开始了一段新的、健康的感情，他承诺要做最好的自己。当他感到痛苦时，他会向他的伴侣敞开心扉，努力用语言表达自己的情感体验。无论有多么困难，瑞奇都希望自己能够敞开心扉地接纳伴侣的体验。在酒精问题上，他的伴侣比瑞奇更温和，瑞奇很感激她。最值得注意的是，瑞奇对我坦诚地表达了他的温情，以善良和慷慨为乐，他为自己能成熟且耐心地应对挑战而感到自豪。

第三，瑞奇重新回到大学完成了剩下的学业。沉浸在我的前缘母性情感之中，我为瑞奇感到无比骄傲。

瑞奇和我还有很多事情要做。我们会继续专注瑞奇的建设性自体客体体验，以及他在我（治疗师）的背景下出现的前缘和后缘。这是我们共同创造的主体间场，它为瑞奇打开了一个充满可能性的世界：在这个世界里，瑞奇觉得他的全部个性都得到了认可，和那些对他来说重要的人有一种亲切感，并从持续不断的体验中获得了滋养。在治疗关系中，与一个能被理想化的母亲形象融合，瑞奇可以通过这个形象获得调节困难情绪的能力，抚慰自己，并畅所欲言。

注释

1. 感谢彼得·齐默尔曼博士，他的临床智慧指导着我每天的工作。特别感谢瑞奇，他教会我的比他想象的还要多。
2. 顺便说一句，瑞奇的父母不恰当地把酒作为玩伴礼物，这引发了一场关于酒在家庭中被美化的讨论。瑞奇的父母也没有教给瑞奇饮酒的合理标准与方式。这后来成为成功解决瑞奇酗酒问题的重要组成部分。

第六章

与后缘一起工作——消除对重复的恐惧

乔治·哈格曼和苏珊娜·M.威尔

* * *

在这一章中，我们将讨论主体间自体心理学（ISP）对后缘的理解和处理。正如读者将在下一章学习到的，我们相信，治疗变化的主要动力是完好无损的自体客体联结。在这种情况下，病人和分析师是同步的，两者都能体验到他们之间的联结以满足自体客体需求，从而产生持续而富有成效的合作，这就是所谓的前缘。然而，主体间自体心理学也意识到，通常情况下，后缘，即对再创伤的恐惧和随后的防御复苏，占主导地位，必须加以解决以便为表达希望和实现长期被隔离的自体客体渴望创造条件。例如，当一些病人在精神分析治疗中把治疗当成威胁时，就会出现这种情况。这通常发生在治疗的早期，病人对治疗的过程感觉到危险，这种脆弱就是必要的。他们不愿冒险与分析师建立关系，而是会反对、摆脱，并采取“抵制”的态度。分析师对后缘移情表达的反应是至关重要的。也就是说，激活分析师对重复创伤的恐惧可能会启动治疗关系的分离，扰乱临床过程，并可能导致僵局，因为分析师和病人的后缘都被锁死在了一个徒劳的，甚至是破坏性的循环之中。本章将探讨这种形式的主体间分离，其特征是：病人和分析师对失败的恐惧与隐藏的对成功的渴望之间的互动。换句话说就是，病人的后缘遇到了分析师的后缘。我们将展示具体的分析关系如何反过来影响相互作用的需求和恐惧。这既可能导致治疗僵局的产生，又可能有助于有效诠释并成为治疗改变的机会。

为保持主体间自体心理学整体一致，本章基于巴卡尔（Bacal）和汤姆森（Thomson）的开创性论文（1996），他们在文章中提出了病人和分析师在心理上的相似性。他们还特别强调了识别和接纳分析师的自体客体需求在展现治疗动力方面的重要性。他们写道：

> 在工作中，分析师的自体感通常是通过被分析者持续不断的自体客体回应来维持的。当这些自体客体需求明显受挫时，他或她的分析功能可能会受到实质上的干扰（即反移情反应的发生）。由于分析师减少了对于保护自己免受这些需求影响的要求，结果是治疗功能得以增强了。
>
> （Bacal & Thomson，1996）

从这个角度来看，我们认识到存在着一种无处不在的创造性张力。这种张力在整个治疗过程中都是活跃的，在自体客体的需求和受挫之间，也在分析师和病人的心理生活之中。这种动态关系是精神分析关系中不断演化的主体间场的重要组成部分。分析师是否有能力识别出这种张力并加以利用，这既可能推动治疗过程，也可能对其造成阻碍。

认识到病人渴望革新，但又往往害怕重复失败。这些移情的建设性维度和重复维度（Stolorow & Atwood，1992）也被称为前缘和后缘（Tolpin，2002），是临床工作中无处不在且强大的方面。事实上，与巴卡尔和汤姆森（1996）的观点一致，我们认为要用重复性的和建设性的两个维度描述病人和分析师对治疗关系的贡献。鉴于此，我们将展示分析师的自体客体体验渴望会如何激发病人的自体客体体验渴望。但矛盾的是，这也会激发病人对重复的恐惧和对再创伤的强烈幻想，并伴随着自我保护反应。这些“防御性”反应实际上可能是自我实现的，带着伪装的希望去感受分析师的需求和弱点。然而，分析师可能会误读这些反应。面对被分析师认为是顽固和“阻抗”的病人，分析师会体验早期失败的重复（被拒绝、被抛弃、被虐待，最重要的是羞耻感），只好求助于自己的自我保护策略。善意的、积极主动的分析师，就会以这样的方式被锁死在与“阻抗的”“逃避的”病人的挣扎之中，或者锁死在无可救药的顺从状态中。治疗僵局也就由此而出现了。

前缘和后缘

移情的前缘主要是围绕着对自体客体体验的渴望来组织的。然而，病人对自体客体联结的相对开放程度取决于他或她所感受到的安全或风险的程度。在很多情况下，前缘的希望与后缘的恐惧是联系在一起的，因为前缘努力的表达与后缘的恐惧和焦虑的阻力是捆绑在一起的。我们的一位病人将此描述为“橡皮筋效应”——当他使劲伸手去寻找建设性的新目标时，他突然感到旧日的恐惧和对失败的预期又把他拉了回来。通过重复替换革新，前缘就被后缘的悲观和恐惧所抑制和控制了。在这个共同参与的过程中，自体客体需求的出现刺激了后缘的恐惧，抑制了进一步的努力，因为这威胁到创伤的重复。另一方面，希望更可能从希望中获得力量。因为病人的前缘遇到分析师的前缘，放大了病人-分析师二元互动场中积极努力的部分（更多对这种完整自体客体联结的讨论，参见下一章）。最大的区别是移情和反移情的维度，都不用进入对方的内心就能理解。事实上，这两个维度都从对方那里获得了它们的内容和力量。恐惧源于渴望，而渴望的动力来自希望，以逃避可怕的重复（Ornstein，1974，1991）。在实践中，我们看到病人的恐惧是如何从他们的需求和渴望中演变而来的，而分析师的自体客体需求则更成熟，而且有觉察，因此就更能识别并参与病人的后缘。

另一种更抽象的方式是：在移情的两端之间，想象一条张力弧。任何一个极端都不会在另一个极端没有伴随变化的情况下被激活。渴望和努力的增加伴随着恐惧和防御的加强，对失败的恐惧激发了修复和革新的渴望。当病人和分析师的相对体验在安全或危险之间犹豫摆动时，一方或另一方就会相应地出现在前台或后台。最理想的情况是分析师的希望和病人的希望汇合在一起，天平向着成长和自我实现的方向倾斜。

在下一节中，我们将回顾主体间自体心理学理论的基本组成部分，并将其作为讨论我们对移情的重复维度（后缘）的理解和处理的前奏。或多或少地，我们将展示所有人是如何与重复过去创伤或与对失败关系的恐惧进行斗争的。另一方面，是渴望恢复自体客体的体验。我们根据这两套强大的幻想来组织我们的关系，在亲密关系的例子中（如精神分析），这些不同的移情倾向之间相互作用、相互影响，并相互组织成独特的新结构。有时，这些新的组合可能会导致僵局。然而，如果能被分析师理解和处理，这些僵局也可能是创造性改变和发展的机会。

回归主体间性

正如我们在前几章讨论过的，主体间自体心理学是一种场理论或系统理论。它试图理解的心理现象不是孤立的心理机制和固定的心理结构的产物，而是形成于相互作用的体验世界的层面（Stolorow et al.，1987）。

> 无论组织原则是自动的、僵化的，还是反思的、灵活的，主体性的主要成分都是组织原则。这些原则往往是无意识的，是一个人从情感环境的终生体验中，特别是与早年照护者复杂的相互连接中得出的情感结论。这些旧的推断是自体感的主题。直到这些原则可用于意识层面的反思，新的情感体验才会引导一个人想象并期待新的情感连接形式。这种自体感包括对可能存在形式的关系后果的信念。
>
> （Orange et al.，1997）

任何人组织体验的一个中心区都是与重要的、亲密他人的关系。在这个中心区，我们根据主观世界的主题结构进行相互交流。这不是单向的，而是一个双向的、动态的、主体间相互建构的过程。从动态系统的角度来看，这些意义的结构或模式产生于"持续活动的生命系统（临床关系）的自组织过程。这些新生结构是由各要素或子系统的相互协调或合作互动、发展而形成的，它们凝聚成自组织的模式"（Orange et al.，1997，第 75 页）。用精神分析的术语来说，我们和我们的病人共同构建了一个移情环境，它成为病人心理生活中重要方面的一个缩影。对这个缩影的分析提供了一个焦点，围绕着这个焦点，支配病人生活的模式可以被澄清、理解，并因此而转变（Orange et al.，1997）。

共同建构的组织原则构成了主体间场，是关系中健康与病理的源泉。在这方面最重要的移情维度被史托罗楼和阿特伍德（1992）描述为自体客体维度和重复维度。前一个维度是指我们每个人都渴望我们的伴侣提供自体客体体验，虽然这些体验在成长过程中可能缺失或不足。后者则是冲突和阻抗的根源，我们既期望又害怕早年失败体验的重复。和彼此情感状态与需求的不同调谐状态相呼应，这两个维度在主体间场的体验前台和后台之间持续不断地摆荡。例如，当精神分析师被体验为调谐失败时，这就预示着早年发展失败的创伤性重复，冲突和阻抗的维度就会凸显在前台，病人的自体客体渴望则会隐藏起来。另一方面，如果分析师能够准确地理解病人的失败体验及这些失败体验对他们的意义时，自体客体维度就会得到恢复和加强，而冲突 / 防御 / 自我保护维度就会退避到后台。

换句话说，主体间场的稳定性（稳定的平衡点）是可变的。大多数寻求治疗的人，都感觉自己被困在互动和意义的某个模式中，这些模式似乎是不可避免的、根深蒂固且棘手的（甚至对于分析师来说，也是如此）。这些主观世界的组织原则本身是无意识的，在这种情况下，病人和分析师都不知道它们在产生移情中的作用。事实上几乎总是这样的，即病人会认为他们对分析师的体验在客观上是“真实的”。考虑到这种无意识的、强烈无意识的、持续的动机，尽管病人经常表现出对改变的极度渴望，但重复性移情的“强度和稳定性可能非常高，只有严重的扰动才能打断它们”（Thelen & Smith，1994，第 61 页）。理想情况下，分析师打破它的力量来自他或她提供给病人的一个调动自体客体移情的机会。由于病人人际关系中的创伤性、重复性的体验，这种移情一直被隐藏着。在认识到病人的弱点后，通过沟通理解，以及与病人的情感体验共情，分析师提供了一个机会。但这并不意味着病人已经做好了准备，或者更具体地说，准备好去体验与新自体客体渴望相关的幻想和情感。考虑到病人在过去的关系中痛苦和失败的程度，对自体客体纽带的渴望程度可能会相当强烈。知道了这一点之后，分析师致力于病人对临床关系的体验（他或她的渴望、弱点、恐惧和自我保护）。因为很明显，它们共同构建了主体间场。然而对分析师来说，一个常见的挑战是如何容忍、管理和利用自己对病人的行动和情绪状态的反应。话虽如此，分析师自己的恐惧和防御却也经常被激活，有时甚至会打乱治疗过程。

值得注意的是，有意义的所有关系都是围绕着互相唤起的移情模式而组织起来的。精神分析主体间场的不同之处在于它的治疗结构和功能。治疗作用的初始条件是精神分析治疗所独有的。来接受治疗的人是来寻求某种帮助的“病人”，他或她希望这种帮助能减少心理压力，增加幸福感并获得心理健康。这样的作用涉及情感的脆弱性，这与大多数其他关系截然不同。为了满足这一需求，分析师为病人提供了服务，希望能减轻病人的痛苦，为其提供满足发展需求的机会以增加获得幸福的可能性。然而，在另一个层面上，分析师也在寻求某种类型的心理获益。在案例中，治疗师通过扮演治疗师的角色来满足自体客体需求。许多分析师害怕失败和可耻的无能也不足为奇，尤其是在他们自己就有自体客体体验失败和关系创伤史的情况下。两极或两边之间的张力会在治疗中表现出来。此外，在分析师和病人的需求之间存在着一种动态变化的张力，这种张力的特征是时而连接、时而分离。然而最终决定命运的是病人对体验和需求的尝试，这是至关重要的。双方都给这些角色带来了一生的个人体验，这将决定他们如何组织自己与对方的关系。双方从一开始就进行互动，并对互动做出反应，并根据过去的模式和新的适应来组织他们的主观体验。在许多情况下，也许是在所有的治疗中，伴随后缘防御和自我保护策略的移情重复维度被唤起，导致分离状态。移情的重复维度是必须解决的，以便实现治疗机会。

在下面的案例报告中，我们将提供这样一个分离的例子，即苏珊娜·威尔对汤姆的治疗。对治疗关系的描述展示了自体心理学家如何寻求与病人的联系，以及寻求机会进行对病人有帮助的共情，并沉浸在病人的体验之中。通常，尤其是在治疗创伤或被忽视的病人的早期阶段，比如说汤姆，我们的需求会与病人的脆弱感受和自我保护策略相冲突。矛盾的是，这些我们可能会与好的实践联系在一起的技巧却被病人体验为威胁，至少是共情失败——或者两者兼而有之。在这些情况下，病人不是阻抗或不情愿，而是再合理不过地受到威胁，即治疗师的需求可能占主导地位，并将发生再创伤。我们如何应对并成功超越这种分离所导致的复杂后果决定了治疗的成败。

案例：汤姆

汤姆50岁，已婚，有两个年龄不大的孩子。他之所以寻求心理治疗，是因为他再也无法忍受与妻子争吵的恶性循环，这常常导致他提交离婚文件，或者收拾行李去酒店住。但他又因为无法忍受分离，很快就回家了。汤姆在描述他们之间可怕的挣扎时，眼泪夺眶而出。他还告诉我，他最后一次哭是在看电影《心灵捕手》的时候。我感到很受鼓舞，因为他能了解自己的感受。我希望自己能成为罗宾·威廉姆斯——既治愈汤姆，同时自己也得到治愈。

他描述了一段艰难而平淡的个人历史：他父亲是一名酗酒的老师，从学校回到家后会坐在自家车库的工作台旁习惯性地喝掉五瓶啤酒。他会静静地吃晚饭，然后上床睡觉。如果你挡了他的路，你就会成为他极度蔑视的目标。汤姆的母亲情绪也不稳定，容易尖叫和哭闹，一次离家好几天。回来后，她会用糖果收买汤姆，并否认她的可怕行为，从来也没提过一个字。汤姆与他的父母和姐姐变得疏远。

我问汤姆，在这样的环境中长大对他有什么影响？他说，他不知道如何与人相处：他粗鲁无礼，喜欢挑战，和每个人都打架。他说："我很惊讶我居然走到这一步，没有人真正伤害我。"然后他哀叹，如果他学会了如何建立关系，事情可能会变得不同。再一次让我感到鼓舞的是他有能力反思。我告诉他，在没有获得过认可、稳定或信任的情况下成长，欢迎他人进入你的生活这件事就会变得非常可怕。我想知道这对我们来说意味着什么，但我还是希望我们的关系能以某种方式得到改变。

在我们的会谈中，汤姆全神贯注于他与妻子的不和。他们的关系中有一种模式很容易破坏他的稳定，这种模式集中在夫妻二人的争吵上，即她否认自己有错，汤姆迫使妻子认识到在这件事上于他而言的真相，而她则固执地否认他的体验。这会导致愤怒的攻击和妻子越来越坚信自己的信念。汤姆有好发怒的毛病，或更糟的是——发疯。汤姆总是用“不公平”来形容这种与妻子在一起的重复体验，没有别的话可以形容它。在汤姆的世界里，如果他不能做什么事，那么她就也不被允许去做同样的事。他想要对等。我想象一个小男孩向他的父母抗议说有些事情是不公平的，但却被忽视了。

我对没有回应和被拒绝的糟糕感觉感同身受。我说，我可以想象当这种事发生在他家里的时候，他会吓得僵住，以免被父母的残忍所压倒。或者硬币的另一面是，为了显示他能勇敢地战胜他们的虐待，他需要一场战斗。他说“对的”，“但是我能怎么办呢？”很明显，汤姆不想探索他的过去对他与妻子关系困难的影响。他编造了一个关于他家庭的故事，现在这个叙事已经固定下来了。他要我直截了当地进行具体的干预。

在这点上，我没有注意到他的一个核心组织原则。如果我敞开心扉表达自己的感受，事情就会变得非常糟糕。我对治愈威尔·亨特（译者注：电影《心灵捕手》中的“病人”）的渴望与汤姆对亲密关系的深切焦虑发生了冲突。断裂发生了，主体间场也发生了偏移。

在接下来的几个星期里，我把自己想象成一根巨大的撬棍，试图把他身体里的感觉撬出来（他描述说他有很多肌肉疼痛和压力，这导致了他的暴怒行为）。我鼓励他谈谈被妻子妖魔化的痛苦。她患有严重的癌症，需要持续的治疗。我进一步提出，他们的争吵可能是一种远离失去她的痛苦的方式。他总是回答："我不在乎。"这种冷漠让我震惊，但也让我明白了解离的可能性。除了汤姆早期的人际关系创伤外，他还是 9·11 事件的幸存者。

虽然我知道汤姆过去的创伤，但我有一种强烈的冲动，想要帮助他感受到自己的价值。我后来和他分享了我自己的创伤史：在我还是个孩子的时候，我曾受到过被遗弃的威胁。这促使我和汤姆一起加班加点地工作，试图防止再次遭受这样的丧失。当他和他的妻子陷入危机时，我则继续努力，另增加了星期六的治疗。尽管他为一家对冲基金工作，而且业绩不错，但我还是同意了降低收费。我提出了一些具体的策略来引入他的妻子，甚至与他进行角色扮演。每次谈话结束后，他都会说："听着，我是一名工程师，你必须告诉我，我该做什么。"当我说我一直在这么做的时候（至少在我心里是这样想的），他反驳说这是没有希望的。我感到浑身僵硬、愤怒。混乱接踵而至，我非但不相信自己能和他一起生活在这个嘈杂的世界里，反而觉得有必要去控制它。或者如果这不起作用的话，就让自己和他保持距离，和日益增长的被抛弃的恐惧保持距离。这是以病态的形式出现的。为了能够理解这种巨变，我找到了一些标签。我认为汤姆患有创伤后应激障碍和精神分裂，或者混乱型依恋，或者这可能属于自闭症的表现。我甚至在他身上贴上了"醒着的醉鬼"的标签。

我意识到，我们已经进入了移情的重复维度。然而尽管有了这种“洞见”，我还是无法控制自己的紧迫感，即汤姆必须避免另一场夫妻大战的紧迫感。我被一种焦虑笼罩着，那就是一个因癌症而生命垂危的女人和两个无辜的孩子会因为汤姆想要修复自己的需求而受到进一步的伤害。我的恐惧与无法抗拒的压力纠缠在一起，这种压力来自“我该怎么办？”以及随之而来的无能感。我害怕被单独留在这种脆弱的感觉中，仿佛就像一个家庭正被损害的，并被悲痛所困扰的孩子（我的重复维度），这导致我错过了他善意提供的开场。“我觉得我在让你失望。”他说的时候有着惊人的自我觉察。“不！”我对他吼道，“我只是想了解你。”在那一刻，出于自我保护的需要，我对汤姆寻求连接的努力视而不见，这进一步加深了我们之间的隔阂。

汤姆告诉我，他和他妻子打算一起告诉孩子们他要离开家了。我知道他还没有准备好做出这样的举动，我开始害怕他会把自己的孩子当作武器。我吵着说这会给他的家庭带来多大的灾难，但他把我拒之门外。我问他是否愿意让我和他分享一些我自己的生活经历。他看上去很惊慌，问我是否应该这样做。我说我想是的，但只有在他同意的情况下。他点了点头。然后我开始向他讲述我被父母抛弃的故事，那是在我和他的大儿子一样大的时候。我的父母刚刚失去了一个刚出生不久的儿子，我还有一个弟弟，那天他们激烈地争吵。就在那次争吵中，我不知所措的父亲说他要离开（实际上他没有离家出走）。那一刻深深地烙进了我的内心，永远成了我的一部分。我对汤姆说，我从未见过比这更可怕的事。他什么也没说。

尽管我认为他太脆弱、太不合群，无法因关系诠释而获益，我以更温和的方式提出了这样的想法，即他正在以一种更为沉默的方式和我一起制定可能与其他人发生的事情：表现出挑衅性和顽固性，作为关闭有前景的亲密关系的方式。

我继续拼命地联系他。我认为当他联系断裂时，他就无法用语言来表达自己的感受了，所以他会用遗弃来威胁他的妻子，而这加剧了她的焦虑。汤姆的妻子知道他的感受，我也知道。汤姆对此产生了共鸣，分享了他们去参加社交活动的经历。由于妻子经营着一家大公司，他们经常要去参加社交活动，而在这之前他非常担心会出什么大问题。汤姆无法表达这种焦虑，并把妻子作为安慰的来源，威胁着要离开她。我告诉他我认为在那些时刻，他最需要的是连接，而不是分离。我说，我明白他还不相信温柔的联系，他总是在保护自己，时刻准备挨打。说完这些之后，我感觉到他听进去了，我想象着主体间场的变化。汤姆也注意到了这一点，他告诉我他是多么渴望舒适和放松。我觉得我们体验到了一个共情时刻，就好像重新点了菜，然后我们继续。

我不知道汤姆和我之间的所有力量是怎样互动的，这种互动使我们瞬间进入了一个更稳定的状态。是什么让我放手？是什么让汤姆冷静下来？有无限的可能性。然而，重要的是，作为了解系统理论的分析师，我们必须不断挑战自己，保持开放、好奇、灵活、尊重，并严格拥抱不确定性。

讨论

主体间自体心理学治疗的重点是在病人与治疗师的关系背景下病人的主观体验。就像汤姆的案例那样，病人和分析师之间的所有互动都是基于感觉、幻想、意义等方面的。主观体验总是不断变化的、模糊的、复杂的、根植于背景的。当然，这感觉就像在流沙上进行治疗（Stolorowet al.，1987）。病人和分析师寻求将治疗过程具体化，使理解系统化，并将关系隐喻具体化，从而在最终不可知和混乱的主观现实中提供真实而可靠的感觉。脆弱的人可能会根据早年形成的可怕模式来组织他们的体验，以努力预测并防止创伤的重复。例如，像汤姆这样的病人希望“被告知该做什么”以防止亲密关系所带来的恐惧。作为一名工程师，他认为“直截了当的、具体的干预”能够满足他的需求，而不会有敞开心扉的风险，也不会有再次遭受创伤的风险。另一方面，分析师正准备好（也许是渴望）处理病人的感觉和幻想，却感到被推开，甚至是被拒绝了，降低到只是一个顾问的角色。因此，正如我们在病例报告中所看到的，汤姆的回应引起了苏珊娜的反应，而这种反应干扰了她的治疗功能，激活了她的反移情（Bacaland Thomson，1996）。结果是分裂爆发了，苏珊娜想要治愈的幻想和渴望遭遇到汤姆怕被照顾的恐惧。苏珊娜的报告借助移情之中分析师的部分，她努力应对着，生动地捕捉了主体间自体心理学的心理医生是如何对后缘做工作的。

要解决这种类型的分裂，诠释必须包括移情和反移情两个维度，尤其是两者相互影响和相互依赖的时候。经过一番努力，苏珊娜和汤姆终于找到了一个认可的时刻，在恐惧和需求之间，在直接采取行动和诠释之间找到了平衡点。苏珊娜简洁地表达出了汤姆内心艰难的挣扎，他一方面渴望连接和理解，另一方面又恐惧脆弱，需要防御和拒绝。经过长期的努力，苏珊娜找到了“成为”他的治疗师的方法。她能够把自己对确认和情感共鸣的迫切需求放在一边，从而表达出对汤姆压倒性困境的理解。矛盾的是，汤姆证实了苏珊娜的诠释是正确的，这也正是苏珊娜苦苦寻求连接的时刻，但只有当她放弃了个人需求，转而追求理解病人时，她才最终得以成功。他们的治疗也才得以继续。

结论

虽然在任何治疗过程中，分析师都不可避免地会体验到他或她自己的自体客体需求，但如果病人能完全获益，那么这些需求最终也必须是成熟的。分析师必须基于他或她高超的专业造诣，通过纯熟而有效的实践来满足成熟的自体客体需求，而不是满足所有的镜映、理想化或密友需求；换句话说，这就是足够好的分析师体验。这种作用的发挥需要培养一种理智和情感的立场，让共情、客观评估和自我觉察互相交织在一起。正如苏珊娜在与汤姆的工作中所展现的那样，如果我们能够识别并处理好病人和分析师之间的这些僵局和分裂，那么我们自己必须保持警惕，进行彻底的自我反思。我们的动机总是更复杂且不确定的，或许对我们自己来说也是难懂的。因此，我们不应该只看外表。我们认识到，我们正在处理的很多事情都是表面现象，情况远比我们所知道的要更模糊、更复杂。我们温和地，常常是平静地坚持我们的理解。诠释可能是暂时的，因此当我们认为自己已经理解了的时候，我们实际上很有可能是错的，或者至少部分是错的。另一方面，当不确定性突然转变时，我们就可能会有新的需求。我们以为自己理解得很清楚，甚至是在面对病人时，满怀希望（也许是不顾一切地）地认为这就是病人所需要的，并且我们能够帮到他们，就像苏珊娜和汤姆在案例报告的结尾那样。因此，主体间自体心理学治疗的临床过程是不断发展的，不断有新东西涌现，并对各种可能性保持开放。虽然我们努力去了解我们的病人，但可能也无法完全了解他们在任何特定时刻试图达到的特定目的。但重要的是，我们要保持我们的关注、好奇心、灵活性，以及对他或她的主观体验的尊重。最终，我们必须认可病人的那些组织和保持有意义、有价值的自体感的方式。分析师需要做到时刻响应病人的渴望，了解并谐调于病人的弱点，兼顾且重视病人的恐惧和希望，尊重病人的自我保护需求，尤其是当挑战病人会带来风险时识别和调动病人内在的力量和智慧。在病人追求改变时，要成为病人可以信任、可以利用的分析师。

第七章

与前缘一起工作

当自体客体联结完好无损时

哈里·保罗，彼得·B. 齐默尔曼和乔治·哈格曼

* * *

本章探讨完好无损的自体客体联结，及其在主体间自体心理学治疗中，它是如何支持和促进自体发展的前缘的。完好无损的自体客体联结指的是分析关系中的共享体验，在此过程中，病人和分析师的自体客体移情和自体客体反移情保持谐调，而且因共情失败而导致的联系中断是极少或不存在的。在治疗关系中，持续且完好无损的自体客体联结让两个参与者的前缘努力表现出来，这些努力会逐渐主导主体间场。最后，我们将通过对一个案例的深入讨论来展示如何促进和维持完好无损的自体客体联结、前缘和主体间自体心理学（ISP）治疗的治疗效果。

在科胡特的领导下，自体心理学家不仅忽视了病人和分析师之间完好无损自体客体联结的转变性/疗愈性本质，而且他们也

没有认识到前缘移情的诠释理所当然地会带来转变作用。相反，自体心理学家强调移情破裂 / 修复的重要性，以及对移情后缘维度的诠释（病人在与分析师的关系中表现出来的缺陷、恐惧和防御）。虽然我们充分认识到了对后缘做诠释的重要性，但我们相信由于对病理学和破裂的注重，自体心理学家甚至不能充分认识到完整的前缘诠释对促进发展所起到的关键作用，也不能建立对正在持续的自体客体关系的积极讨论。我们还可以说，关于持续的自体客体关系的讨论可以由病人开始，也可以由分析师开始。我们将演示基于移情的对完整自体客体关系的诠释是如何进行的，以及为什么要拓展和深化治疗合作，进而积极地促进治疗的成功。

弗洛伊德的精神分析强调潜意识意识化的诠释，而且认为治愈的基础是理性的力量战胜了难以驾驭的本我。诠释被认为是为了解决移情扭曲，它导致了更深刻的认识和理性的拓展。从技术上讲，精神分析工作是对原始欲望和病人防御机制的探索，即对病人病理的探索。后来，仍追随弗洛伊德的人也承认了分析关系中非病理方面的重要性，开始使用“治疗联盟”“工作联盟”或“真实关系”等术语。但随后发现没有必要对这些联结做诠释，因为这些联结是进入精神分析之前发生的，也是超出移情的。因此，就心理发展或结构而言是没有价值的。移情维度的积极方面被简单地认为是实际工作的重要背景支持，基于玛丽安·朵缤（2002）的工作，我们把对无意识幻想、防御和阻抗的诠释称为移情的后缘。科胡特的原始概念，如恰好的挫折或者心理结构的建立，只发生在共情失败之后的想法，都是基于经典精神分析思维的。即使在认识到自体客体移情纽带和自体客体体验是整个治疗努力的关键之后，科胡特和他的追随者仍然认为它们是精神分析之外的，虽然是有效分析必需的，但临床上需要中立以对。

与经典的精神分析治疗模型相一致，科胡特认为自体心理学的治愈是基于两部分的系统：第一阶段涉及理解，第二阶段涉及解释。自体心理学对治愈理论的贡献是必须以自体客体移情的形式重新激活受挫的发展需要，成长（例如自体结构的建立）才能发生（科胡特，1984，第 100 页）。分析师的作用是通过他或她的诠释传递一种理解，解除对自体客体渴望的障碍。然而即使在成功地表达了自体客体需求之后，科胡特也认为只有通过对被调动起来的自体客体需求的恰好的挫折，自体结构才能建立，恰好的挫折应该会导致转变性的内化。在他最近出版的书中，他总结道，精神分析的治愈只能发生在病人 - 治疗师联系破裂之后，伴随着他提出的恰好的挫折（自体客体需求的非创伤性挫折）。而且只有当病人能够确认分析师的作用时，分析师才能开始治疗。最终，这一过程重复多次后，才能获得治愈。因此，自体客体移情被科胡特看作是治愈过程中必要但不充分的组成部分。与他的经典精神分析训练相一致，科胡特仍然把分析师的诠释看作是（治愈的）充分条件，特别是对病人自体客体关系破裂体验的诠释。这就是说当病人将分析师的诠释功能作为他或她自体结构的一部分时，转化性的内化就被认为发生了。

在朵缤的开创性论文《补偿性结构：重建自体的通路》（*Compensatory Structures: Pathways to the Restoration of the Self*）（Tolpin, 1997a）和《对正常发展做精神分析：前缘移情》（*Doing Psychoanalysis of Normal Development: Forward Edge Transferences*）（Tolpin，2002）之中，尽管自体心理学家玛丽安·朵缤还是相信个人发展是从断裂的、恰好的挫折体验开始的，但是她也已经认

识到矫正性体验的重要性。

另一方面，正是在霍华德·巴卡尔（1985）的开创性工作中，经典精神分析化的自体心理学家开始讨论恰好的回应。恰好的回应被定义为分析师对病人持续的、情感调谐的理解。巴卡尔从特定的自体心理学角度阐述这一观点，他将分析师恰好的回应与病人对分析关系的矫正性自体客体体验联系起来（Bacal，1990）。抛开恰好的挫折和转变性内化的概念，巴卡尔宣称个人成长是病人和分析师之间持续的情感联结的结果。然而，无论是巴卡尔还是朵缤，都没有考虑到持续的、未受干扰的自体客体体验本身的临床价值，也没有将诠释完好无损的自体客体移情的强大治疗作用概念化。

（我们）同意巴卡尔在朵缤基础上的工作，我们相信在完好无损自体客体联结的持续体验之中，恰恰是分析师的响应和感同身受提供了治疗环境。在这样的治疗环境中，才能开启有活力和建设性的临床工作。在此期间，病人体验到了一种持久的安全感，并与分析师有更紧密的接触，因此，病人可以更有效地利用分析师提供的心理的和实用的资源。这段时间里病人和分析师进行持续而重要的通力合作，这也正是本章的重点。

综上所述，我们正在挑战传统的自体心理学观点，即对治疗关系的分析只能发生在关系破裂时。我们想为主体间自体心理学理论提供的一个重要补充是：当自体客体联结（前缘）完好无损时，诠释移情的前缘与诠释后缘具有同等重要的心理治疗作用，而且这些也是与病人一起探索和详细讨论的领域。因为仅仅是治疗进展良好并不意味着分析和利用积极情绪的维度就能够促进治疗过程。我们的论点是，在分析中把目光集中在病人和治疗师之间完好无损的前缘体验上，可以拓宽我们对精神分析治疗过程的理解。

完好无损的自体客体联结：移情的前缘

科胡特经常把自体客体体验的支持作用称为一种心理氧气，是生存和发展所必需的。围绕病人和分析师的前缘组织起来的持续完好无损的自体客体联结或者治疗意味着病人和治疗师都在接受认知/情感的氧气的稳定流动，允许两个人都能按照自己的设计去呼吸及生活。实际上，这种流动可能会断裂；然而，在一个运作良好的分析关系中，不可避免的起伏和自体客体环境的不太理想的响应都在非创伤范围内。话虽这么说，我们还是认为这些失败并不是治疗改变的主要原因。换句话说，即便是微小、非创伤的、如同气流般的干扰，也不会使病人变得更强。正如科胡特所证明的那样，尽管断裂发生时如何分析这些断裂对自体体验的积极转变至关重要，但任何生物，只要有不间断的、稳定的氧气供应，都能以最佳状态成长。在心理学上，镜映体验、与理想化人物的融合体验，以及密友体验都是这种心理氧气的具体来源。

换句话说，随着时间的推移，即使在最好的条件下，在主体间场中的自体体验也会受到持续波动和微小断裂的影响。因此，自体客体体验的可靠性在任何时候都取决于照护者以及后来的分析师的恰当同调。分析师的响应性调整和对微断裂的共情性诠释使这些断裂能够保持在非创伤的范围之内。

当自体客体联结完好无损时，发展线就恢复了。脆弱的或刚刚开始建立的自体状态就得到了巩固，新的自体状态或自体体验的多个维度也得以发现和展开。结果是病人可以开始与分析师沟通，随后与外部世界接触，并根据他/她的抱负、能力和理想采取行动实现自我，反映出他/她自己的、更新的或新的设计/愿景。持续不断地有必需的、渴望的自体－自体客体体验是发展健康而稳固的自体感的要求。健康而稳固的自体感体现在重获爱和工作、自我反思和自主感的能力上，这意味着他们自己采取深思熟虑的行动的能力。为了了解我们是谁和渴望成为什么样的人，我们所有人都需要这种能力。我们相信这将巩固持续健康的自体感和心理结构的发展。

此外，我们认同在健康的自体感的发展和成长中，科胡特提出的三种主要自体客体移情的重要性。在发展过程中，与可理想化的治疗师融合的可靠体验导致情感调节能力的提高，以及焦虑和抑郁等糟糕感受的减少。与镜映自体客体的连接可以增强自尊、自信和活力。而密友体验则导致自我认同感和信任感的发展和巩固。在这些情况下，当自体客体移情持续一段时间后，自体体验就会稳定下来，被更成熟的自体感、自主感、对自己和他人的信任感所强化。人们会以更多的自信、活力、智慧接触世界，积极和创造性地调整发展路径；积极和创造性地协商并适应性地调整自己的发展路径，实践行动计划，进而加强他们对自己是有能力的、可爱的和令人尊敬的感觉……最后，前缘工作的体验也包括对病人自体体验中不可避免的断裂给予恰好的或足够好的回应。如果一个人遭受挫折、失望，体验失败或受限制，所有这些都构成了对自恋平衡、情感平衡和自体感的破坏，那么在这些时候就需要分析师通过共情的调谐对前缘做工作。换句话说，完好无损的自体客体联结并不意味着不发生断裂，而是意味着来自分析师的同频响应始终是可获得的、前后一致的和持久的。这就是疗愈的体验——即让自体成长和转变成为可能。

治疗情境

作为病人或治疗师，我们通过我们的主观视角来看待治疗情境，通过主观视角来组织彼此的体验，把我们的个人意义赋予到关系之中（Stolorow et al.，1987）。我们的主观世界是我们作为一个人的全部。它由我们意识的所有方面组成：认知和语言能力、知识、体验、记忆；以及我们潜意识世界的所有维度：幻想生活、梦的世界、前意识组织原则、被压抑和分离的体验和记忆。它还包括我们的情绪和情感状态：喜悦、悲伤、愿望、愤怒、绝望、得意、骄傲、雄心、羞耻、内疚、焦虑，以及我们的渴望和希望、恐惧和害怕。最后，我们的主观世界也包括我们的人格结构、气质、遗传倾向、生物构成和体质。所有这些不同的维度构成了我们独特的主观性，我们通过不同的维度来体验我们自己和我们所处的世界。

在治疗情境中，病人和治疗师的主观世界走到一起，形成一个独特而复杂的“主体间场”（Atwood & Stolorow，1984），每个参与者对治疗关系的体验都是由这种独特的互动动力所塑造的。

然而，尽管它们可能很独特，但我们根据我们的主观世界所构建的意义仍然必须对遇到的现实进行公正地处理。史托罗楼认为，主观世界和现实世界之间没有必然的对应关系（Stolorow et al.，1999）。然而，我们离开了史托罗楼的主体间性理论，认为有一个客观世界必须被理解和知晓。我们的主观世界必须充分捕捉和组织我们对外部现实的体验，以及我们在其中的位置，以便我们能够成功地驾驭世界——否则，就像俗话说的，剑齿虎早就把我们吃掉了。换句话说，在这种世界观（即老虎是吃人的）被证明是对的之前，我们只会相信老虎是毛茸茸的、可爱的小东西。我们主观世界在"客观上的恰当性"的程度越高，我们就越有能力成功地管理我们的现实，包括人际世界的现实。

与以牺牲客观性为代价并强调主观性的后现代潮流相反，我们不会放弃主观世界必须与客观世界相符合这一主张——尽管这种观点被证明是极其复杂和短暂的。这意味着为了生存和生活，在追求爱和工作的过程中，我们和病人的主体性必须被组织起来，使他们能够实事求是地对待眼前的现实。

如果联系被切断了，我们所拥有的只是主观世界，而在现实中没有根，我们就不能再讲事实、真相和客观性，也不能再谈临床知识，我们再也不能确信治疗的变化是使病人更接近精神病性的世界观，还是客观上让病人拥有了与他或她所生活的世界相对应的适应力。

因此，治疗的工作是改变和发展病人的主观世界，使之恰当应对我们身处其中的现实，使病人能更成功地驾驭世界。这种观点不可避免地在客观恰当性方面要求治疗师的主观世界原则上要比病人的主观世界更高——在一些时候，情况可能正好相反。我们总是面临这样的困境，我们的目标是创造一种能力，使我们的病人和我们从自己的"中心组织原则"（Stolorow et al.，1987）中解脱出来。这使我们有可能意识到我们是如何组织我们的主观世界，以及由此产生体验的。

显然，从我们的主观世界中解脱出来的想法本身就意味着存在客观世界。事实上，当我们从体验中“脱离”出来时，我们就暂时把自己的主观性当作客观世界的一部分，把它当作一种现象，它的意义需要我们去破译和把握。发展病人的能力，去摆脱和反思他或她的体验，是心理治疗的主要成就之一。实际上，它也是治疗师技能的核心。

在主体间自体心理学中，我们将转变和发展病人主观世界的治疗过程分为病人主观世界的后缘工作和前缘工作。前缘由病人的希望和渴望构成，形成病人发展性的移情，即病人为了完成自体发展而需要的与治疗师之间的联系。后缘则由病人的恐惧和害怕构成，形成病人反复及重复的移情，表现在病人的防御和自我保护的适应性，以及人格结构上，为了恢复自体发展，需要被修通和转变。

前缘希望和后缘恐惧是病人带到治疗关系中的。对病人是正确的东西，对我们治疗师也是正确的。我们也会把自己的前缘渴望和希望及后缘恐惧和害怕带入治疗情境。病人和治疗师前缘和后缘的交汇构成了临床主体间场的核心；因为我们修通和转变病人的恐惧和迎来健康渴望的出现，都是在治疗情境中发生的。同时，它们是在与我们的恐惧和渴望相互作用时展现出来的。

这一切都不会像水从山上流向大海那样自动发生；相反，这样的工作需要一个积极的治疗师。当前缘渴望和后缘恐惧进入到自己与治疗师的关系之中时，治疗师带着对自己的前缘渴望和后缘害怕去觉察，让病人参与、理解和修通他 / 她的害怕和恐惧。治疗师则引导治疗过程，并促进病人前缘的展现。

我们所有的治疗干预和规定都是为了实现这一目标。如果没有努力，甚至艰苦的挣扎，这一目标是不能实现的。修通后缘的恐惧和害怕需要努力和技巧，正如处理和促进前缘渴望和希望展现时一样。

修通和解决重复性后缘移情的治疗工具是诠释。最佳的结果是病人主观世界的转变。我们提供诠释是为了阐明和改变那些已被证明是对病人不适应的东西。我们可能会说："考虑到我对你和你女友关系的探究让你觉得被贬低，并让你想起了你父亲对你们关系的批评，我理解你想要离开我，因为你觉得有必要保护自己不被我伤害。"

这种对后缘的诠释旨在消除病人主观世界核心的防御性适应，这种适应限制了病人因害怕批评而与人交往的能力。我们的诠释旨在改变这种特殊的、业已存在的自体体验结构，如果诠释过早，就会妨碍对前缘的渴望和希望的表达。

另一方面，应对前缘的治疗工具是恰好的回应（Bacal, 1985），或者正如我们所说的那样，是同频调谐式的参与。在此期间，以准确理解、回应他/她各种自体客体需求的方式，治疗师让病人积极参与，进而为病人提供了一个机会，使这些需求得到满足，结果是促进病人的成长。换句话说，作为治疗师，我们不仅要回应，还要积极参与到主体间场中，并始终保持对病人所表现出来的自体客体移情渴望的理解。我们因自体客体移情而出现，并参与到病人的渴望和需求之中。这就是我们要为前缘的激活和展现所要做的。

通过程度上和时间上恰当的、同频调谐式的参与，前缘得到恢复、展开和维持，导致病人不断发展的主观世界结构化、整合与内聚。因此，当我们接触到病人的前缘时，我们所有的努力都是为了深化和保持它。对后缘的诠释旨在从重复性的移情中解脱出来，并寻求为现有的自体体验带来结构性转变。同频调谐式地参与前缘旨在深化已经建立的自体客体移情，并为促进新自体体验的发展和巩固创建一个情感环境。因此，任何心理治疗的成功都取决于这两个步骤：（1）修通后缘移情；（2）促进前缘移情的展现。虽然修通后缘往往是必要条件，但对于主体间自体心理学治疗工作来说是远远不够的。主体间自体心理学治愈的充分条件是前缘的展现（见第三章）。

有鉴于此，我们提出以下诠释的指导原则：

1. 诠释后缘：病人在接受治疗时，一旦后缘出现在前台，治疗师就会威胁到他或她的自体体验。病人不是期望得到帮助，而是害怕过去的创伤在此时此地的治疗关系中重演。结果是自我保护的措施以防御的形式被激活，以防止可怕的创伤体验重复。因此，后缘的出现总是需要诠释，因为病人受重复性移情的支配，而重复性移情也主导着病人对治疗师的体验。如果不诠释后缘，就会导致重复性移情的出现和防御的巩固。往好了说，不会发生任何转变，也不会有任何疗效；往坏了说，这将导致与治疗师联结的破裂，进而威胁到治疗本身。

后缘可能以华丽的表演和重复的模式明显地表现出来，伴随着对治疗师的抱怨、抗议、指责、愤怒，甚至是暴怒。或者后缘可能更不知不觉地以谄媚的、不被承认的病理性适应方式表现出来。因为这两种适应是防御性的，所以排斥了对治疗的真正参与。因此，治疗师必须对后缘的恐惧做出诠释，着手解决重复性移情。正是修通的过程带来了自体体验的结构性转变，进而为前缘的出现创造了条件。

此外，对后缘的修通反过来还会让真正的自体客体渴望出现，并建立和发展对自体客体移情的渴望。只有这样，前缘才会来到前台。

此时，病人开始体验治疗以及与治疗师的关系，建立渴望已久的关系，产生自体客体移情或建设性移情的机会有助于获得新的结构，并导致自体的成长和发展。这个过程也需要治疗师对前缘的共情调谐式参与。

2. 共情调谐式参与到前缘：当前缘在治疗中占据中心位置时，其结果是舒展开“希望的萌芽”（Tolpin，2002），治疗师必须因它的出现而出现。这意味着病人的体验是他/她的自体客体渴望得到了来自治疗师恰好的参与。病人前缘移情渴望获得满足的持续体验促进了新的自体结构的获得和自体体验的巩固。

前缘的治疗工作包括什么？当前缘介入时，病人感到他/她正在接受情感成长、心理发展和自体巩固所需的情感营养。因此，我们所有的治疗回应和参与模式的目的都是为了保持病人所需的前缘体验。对前缘纽带的诠释不像对后缘的诠释，它不是必需的，因为这种纽带体验本身就是疗愈性的。对前缘的诠释在治疗的早期是不可取的，因为它们倾向于让病人意识到他/她与治疗师的连接。事实上过早的前缘诠释，如：“你今天感觉很有活力，因为你觉得我很欣赏你的潜力。”这可能会使病人感到难为情或羞愧，进而引发与自体客体需求的出现相关的焦虑和恐惧。接下来，事与愿违的是，这反而削弱了自体客体联结。因此，决定做出前缘诠释的时机必须要考虑到对于自体客体需求的激活，以及对重复性恐惧的脆弱性。治疗师需要了解的是每个病人的前缘移情是什么。只有当我们同时理解到自体客体的渴望和它的脆弱，即在与治疗师的互动中病人所展现出的前缘移情特征，我们才能知道如何以恰当的、共情调谐式的参与来进行回应。在治疗情境下，这种觉察可以保障和促进病人疗愈的和成长的体验。

然而，对前缘的明确诠释通常出现在治疗的中期和后期阶段，因为它们通常加强了病人对治疗师共情调谐式参与的体验，进而巩固了滋养性的主体间场。一旦滋养性移情积极参与，就会构成促进心理成长、建立和巩固新的自体结构的情感环境。在进展良好的治疗中，坚实的、共同参与的前缘移情 / 反移情在病人和治疗师之间的主体间场中占上风，对前缘的诠释可能有助于进一步加强自体客体联结。这样的诠释传达给病人的是治疗师承诺因病人的自体客体渴望而出现。最终，经常是病人开始关于前缘的讨论，这可能是进一步参与、自体感增强、更能共情自己和他人的标志，也表明对羞耻感和羞辱感的脆弱性有所降低。

总而言之，如果诠释支持前缘的建立或维持，或促进其在治疗关系中的表达，就需要诠释。如果诠释引起的难为情，羞耻感超过了自体客体联结的需求，就不要对前缘做诠释。这就是说，积极关注并表达前缘渴望的决定是一个临床决定。就像所有与我们的实践相关的问题一样，它是由病人在某一特定时刻的潜在反应所决定的。

下面的临床报告，是一个自体客体联结保持完好无损时用前缘工作的例子。

案例：迈克尔

迈克尔是一位 70 岁的老人，他已经接受了 5 年的治疗。他成年后的大部分时间都在经受临界抑郁症的困扰。他结婚 45 年，直到 5 年前他的妻子死于酒精依赖的并发症。就在这个时候，他开始了每周三次的心理治疗。

尽管他的妻子在成年后的大部分时间里都受酗酒问题的困扰，但她和迈克尔对彼此都非常忠诚。迈克尔经营着自己的生意和律师事务所。他和一名助理是仅有的两个员工，因为他对“老板”这个角色有很多恐惧，他认为这是个极其困难的角色。他经常在工作日外出拜访客户，周末回家，发现妻子喝醉了。在他们婚姻的早些时候，她有过短暂的性接触。但无论是在婚前还是婚后，迈克尔都没有什么性行为。

迈克尔身高 5 英尺 8 英寸[①]，刚开始治疗时体重 220 磅[②]。目前他体重 200 磅。1969 年，当他从一所常春藤联盟学校和法学院毕业时，他的体重还不到 180 磅。无论以什么标准来衡量，他都是很成功的。当他出差时，迈克尔是完美的专业人士，非常友好且非常能干。他对自己的社交技能感到自豪。例如，他在商务旅行或在家时会经常选择同一家餐馆，并了解每一位服务员和老板。然而，如果你让他列出过去 50 年里结交的朋友，除了少数客户和他的私人银行家之外，他很难列出其他。虽然他自己没有意识到，但他现在明白了，这些年来他的体重增加了，对女人的吸引力也

① 身高约为 1.73 米。1 英尺 =12 英寸 =30.48 厘米，1 英寸 =2.54 厘米。

② 1 磅约合 0.4536 千克。220 磅约为 199.58 斤。

下降了。他不能在性方面有所表现，他也不想处于这样的境地，被期望以任何方式维护自己的权利。在任何个人情况下，明确说“是”或“不”都是令人痛苦的，包括对一个女人说“不”。因此，他选择退出几乎所有与男人或女人的关系，除非这些关系是事务性的。生意伙伴、服务员或餐馆老板是唯一能让自己“摆脱出来”的安全对象。

他描述了他在商务生活中的一种情况，在这种情况下，他相信自己就是他希望在个人生活中成为的那个人：在肯尼迪机场陪同一个潜在客户，他和客户还没有达成交易，他们到达机场，谈论的是客户即将去旧金山的行程，迈克尔很自然地说：“我和你跳上飞机，我们可以在旧金山吃晚饭，然后继续谈。”他达成了交易，但最重要的是他觉得自己充满活力——他希望自己能成为这样的人。

迈克尔在妻子去世后不久就开始接受心理治疗。那时候他情绪低落，精疲力竭，抱怨自己没有多少精力，而且在治疗过程中常常泪流满面。迈克尔的妻子几乎管理他生活的每个方面，因为除了在法庭上，他都是不专业的，他在应对创伤、羞耻、焦虑和疲惫方面都非常脆弱。妻子死后，他变得动弹不得。在最初的几个月里，治疗充斥着他的自我批评和自卑，因为他没有救她的命。他对自己的感觉是如果他的生活出了什么问题，那一定是他的错。至于他妻子和她的酗酒，他本应该能更多地帮助她。一个同时并存的想法是“为什么我不够重要？或者，难道我对她的重要性还不足以让她戒酒吗？”

几乎每次提到这两个问题时，他都会在讨论之前说：“我知道我不应该有这种感觉，但是……”他担忧的是治疗师会以某种方式加入他的自我批评。在治疗的最初阶段我帮助他认识到，我不仅不相信他要为他妻子的酗酒负责，而且我还觉得他的感觉是合理的。我们需要理解为什么他会有这种感觉。我认为他的自责是有历史根源的。如果他能共情自己（他承认自己缺乏共情能力），他就不会觉得自己错了，也就会少一些因为有这种感觉而产生的内疚感。

我说，自我怀疑和自我反省是完全可以理解的，但陷入自我批评，对他既不公平，也没有帮助。迈克尔说当我和他分享类似的感受和问题时，他觉得很有帮助。然后他觉得自己更正常了。我相信正是在这些时刻，密友移情开始展现出来了。但在很大程度上，理想化自体客体移情幻想的建设性前缘已处于前台。

我注意到在案例记录的最后一段，我写了“我们需要理解”。在主体间背景下，我经常使用“我们”这样的词来告诉病人“我们”是一起工作的。

在治疗的最初几个月里，迈克尔经常每10次左右就缺席1次，他说他太累了。这就是他感到疲惫的意思，他最好还是睡觉。他还对妻子的死充满了内疚和自责。我们的会面通常在早上8点。他会躺在床上逃避生活；在床上吃饭，这样报纸、比萨盒和其他残留物就会把床和周围弄得乱七八糟。我并不是说他偶尔会躲在床上放松一下，而是他会有系统地逃离生活和他的情感——一种自我保护的形式。通过这种自我保护，他试图保持一种不稳定的自体内聚力。与任何人交往都有心理上的危险。他几乎整个成年生活都依赖这一策略。

当他最开始缺席会面时，我质问自己，想知道我做了什么，或者没有做什么。他的缺席是否反映了共情失败所导致的主体间场的断裂，而他不得不与我保持距离？他有没有因为我在某次会面中说了什么，或没说什么而感到受伤？我开始意识到我的反移情的力量。当他缺席会面时，我的脆弱和焦虑强度会驱使我去追赶他，还是批评他？然而我很快意识到，这些缺席几乎都不是共情失败造成的，而是反映出迈克尔在处理除了妻子之外的任何关系时的困难，也包括与我的关系在内。如果我的自尊保持稳定，我就能帮助他理解为什么他会有这样的感觉，以及为什么他需要睡懒觉。如果我为了自己退到后缘，也就是说需要他来镜映我，那么主体间的焦点就是他的后缘，以及理解他所害怕的是什么。迈克尔不知道自己在逃避什么，也不知道自己的感受，他只知道自己需要退缩，在孤独中寻找舒适和安慰。他会说："我只是累了。"我告诉他，我理解他觉得自己陷入了一个可怕的怪圈。他不理解自己逃避的需求，尽管他批评自己的行为，对此也很愤怒，然而这让他变得更加空虚和孤僻。我指出这么做对自己既不公平，也不是共情，但这是"我们"能够理解的。

我坚信迈克尔对治疗和我们的关系是非常投入的。为接纳后缘的力量，我告诉迈克尔，我理解他为什么需要缺席这些会面，并且把自己孤立起来。我告诉他，我理解他如此糟糕和脆弱的感觉，他需要避开所有人，包括我。因为他相信我们的谈话只会反映他对自己的感觉，这只会让他感觉更糟。他担心最终我也会和他一样对他自己感到绝望。我怎么会有不同的感觉呢？他觉得自己毫无价值，害怕我也会这么说，我只能肯定他已经感受到的东西，或者可能会对他说些让他感觉更糟的话。我解释说，考虑到这一切，我理解他为什么需要退缩。

他慢慢地明白了我接受他自己待着的需求，他也因为我没有生他的气而松了口气。起初，他否认自己需要睡懒觉是因为担心被人看见，甚至是被我看见。他一开始表示抗议，但我不会因为他睡懒觉就有什么看法。他渐渐明白，他与人交往是深受他和父亲的过去影响的。我再次声明他的恐惧是发自内心的，我明白他为什么要与世隔绝，甚至和我隔绝。他开始明白尽管他的感觉不合逻辑，但他对我的恐惧是与他父亲的虐待直接相关的，他几乎总是在父亲面前感到恐惧和困惑。所有这一切构成了迈克尔的后缘，这在心理治疗的第一年里经常出现在前台。迈克尔认为他的父亲只会批评他，如果他敢以任何方式维护自己的权利，他的父亲就会毫不留情地惩罚他。他的母亲没有提供任何保护。她被抚养三个孩子的重担压得喘不过气来，面对他父亲的敌意，她表现得很被动。

帮助他理解自己的行为，让他知道"我们"可以一起理解它们，这对他来说是极大的安慰。我告诉他，他永远无法独自理解自己，但当他敢于在治疗中敞开心扉，并和我一起冒险时，他就有机会感受不同。他开始说，几乎每次治疗后，他都感觉好多了。

在两次会面之间，他回到自卑和心理上的无力状态通常是由我们无法理解的外部事件引发的。两种诠释立场对他最有帮助。首先，他的情感是有意义的，并且在他心中根深蒂固，以至于他觉得无法逃避。其次，虽然几乎每次会面结束时他总是感觉很好，但我们新达成的共识还不足以抵消他旧日"床上"的感觉，尽管这种感觉很快就会消失。我告诉他，我希望"我们"共同参与的过程能够更好地展开。

"我们（主格）"和"我们（宾格）"是前缘的力量，在这种情况下，前缘是建设性的理想化自体客体移情。在迈克尔的精神体验中，理想化自体客体体验慢慢地占据了越来越多的空间。我还意识到，“我们”偶尔也反映了我们如同兄弟一般的密友关系。迈克尔很吃惊，他居然能够真正开始理解自己的感受了，而且在我对他说了什么之后，他经常会说“哦，我从来没有这么想过”或者“这么说很好”或者“哦，完全正确”。当然，对我来说这反映了我作为一个有胜任力的治疗师的感觉和我的前缘，并且日益肯定了理想化自体客体移情幻想是我们之间的主导维度。

在这些讨论的背景下，迈克尔说他做了一个梦，关于他的外祖父、外祖父的同情，以及他对迈克尔作为一个人和一个专家的信念。迈克尔和我谈到了他和外祖父的关系，这可是迈克尔的救生圈，也是他日后建立成功商业关系的模板。我还向他解释说，他的外祖父和我们在同一个空间里，这是我和他之间关系发展的基础。迈克尔表示同意。

迈克尔毫不羞愧地接受了关于我们之间关系的讨论。他承认他需要“我们”帮他控制他对自己的感觉。我告诉他，“我们”能够理解他的感受是多么令人欣慰。他说当妻子不喝酒时，他经常在与她的关系中感到舒适，现在他知道我们的关系可以让他找到同样的安慰。

讨论

在治疗的第一年，可能在会谈开始阶段的五到十分钟后，我就能感觉到迈克尔已经很疲惫了，他在苦苦挣扎。有几次，我问他是否想停下来。他不止一次地接受了我的提议，中断了联系并结束会面。对这些时刻的进一步讨论，迈克尔要么会说在会谈开始之前他并不知道自己有那么累，要么会说他会强迫自己说话。每次我们中断一次会面之后，他都会感谢我主动提出结束会面。我们的讨论表明他可以坚持自己的立场，或者像我们所说的“在等式中”，这对他来说是非常困难的。还有一次，迈克尔发现既要相信自己，又要相信自己的感受，还要在我或其他人面前坚持自己的主张，是一件很困难的事情。当迈克尔说到坚持自己的时候，“在等式中”已经成为我们之间语言的一部分了。“在等式中”体现了“我们”的前缘发展。

迈克尔早期缺席的会面体现了后缘，即他的恐惧和焦虑。然而在过去的几年里，当迈克尔缺席，我一开始认为这些缺席不是在表现后缘，而是前缘。迈克尔会轻松自豪地说他知道如果他想要缺席某次会面，他就可以这样做，还知道我也会同意。在最近的几次缺席中，迈克尔宣称（我也接受了）他的缺席现在更多是他“在等式中”的一部分，可以视为在“我们”的关系中坚持自己的例子。一个人接受了不管其前缘或后缘是置于前台还是后台，就像在这些例子中那样，迈克尔维护自己和缺席会面，都主要体现了他对我作为一个理想化的自体客体的信任，他的前缘移动到了前台。他知道我会理解的，我也会完全接受他的自作主张。

作为正在展开的理想化自体客体移情的一部分，迈克尔说他很惊讶我能理解他的感受和需求是什么。他开始依赖我和我对他的理解。他还说在他面对自己的感受和任何情况时，他很欣赏我的不同看法。在我们的谈话中，“我们 ”的舒适感常常与他和妻子或外祖父的关系中的“我们”联系在一起。我对他说，在所有这些能感受到“我们”的关系中，包括我们的关系，他处于最佳状态，并感到能更自由地表达和维护自己。这构成了一个前缘诠释导致前缘固化的实例，体现为他不断发展的自主感。

在所有这些关于理想化自体客体移情的讨论中，无论是由他还是由我发起，迈克尔都越来越感到放松和自信。关于我们关系的讨论也使他确信他感到的舒适和安全是真实的。这是我们都能感受到的东西，谈论它使他的体验具体化，并得到肯定。我们现在有一个共同的幻想，因为我们都明白我们的关系对他的幸福有多么重要。对理想化自体客体重要性的共同幻想成为治疗的基石。

在谈到被我理解的感觉有多好时，迈克尔告诉我，他 30 岁时曾尝试过心理治疗，但没有成功。在每周一次的治疗中，分析师让他躺在沙发上，迈克尔对那次治疗的体验就是治疗师几乎一句话也不说。事实上，迈克尔认为治疗师不止一次在睡觉。在讨论过程中，迈克尔说他很欣赏我的健谈和参与。还有一次，在谈话中我回答说，我认为当他感觉连接到另一个有意义的人时，他就处于最佳状态了，而在之前的治疗中没有“我们”。我注意到治疗师有责任帮助病人建立良好的关系。他总是把早期治疗的失败归咎于自己，但想到这并不全是他的错时，他松了一口气。他妻子酗酒也一样，不全是他的错。

在治疗的第三年，当他在感叹自己的孤独和对永远不会遇到性伴侣的恐惧时，我对他说也许有了合适的伴侣、合适的“我们”时，他的性问题就不会像他一直认为的那样成为障碍了。有一次，他说：“我从来没有那样想过。”他开始考虑，有了合适的人，“他们”会解决问题的。这仍然让他感到恐惧和羞耻，但是能够谈论这件事就已经让他自由了。他加入了姻缘网（Match.com），甚至和女人约会过几次。

如果他现在还没有准备好去面对他人，或者互动的感觉不好，我向他保证我们可以理解发生了什么。我一再重复，告诉他当他的自尊处于正确的位置时，他就会觉得自己能够做自己想做的事情，而这一切都会自然而然地发生。在他有时感到不确定或无法接近别人时，这会帮助他共情自己，而不是攻击自己。

最近，迈克尔在乘飞机时听到他身后的人说话。他认出其中一个是乐队的音乐家，他在 YouTube 上找到了他们的音乐。那一刻他真正想做的是在 YouTube 上播放这位音乐家的音乐，然后和他交谈。迈克尔相信如果这位音乐家听到自己的音乐，就会和他交谈；但他开始觉得累，他没有登录 YouTube，没有播放音乐，也没有和音乐家互动。甚至当天晚些时候，在迈克尔还没来做咨询之前，他就意识到尽管他没能与这位音乐家取得联系，但这件事并没有让他感到羞辱，也没有让他自我攻击。他后悔不能更果断些，但他意识到自己并没有感到羞愧难当。现在的会面中，当他思考这个情况时，他意识到他在过去永远都不可能记得发生了什么，更不用说处理它们了。他说在我们谈话的背景下，在治疗的促进之下，他很高兴现在能够反思自己，及自己的感受和动机，尽管他没有跟那个音乐家交谈。

在最近的会谈中，迈克尔开始谈论他感觉很好，最近三到四天内完成了自己想做的事情。他能够去医院报名参加一个心脏病预防项目。他和他的教练一起锻炼（他雇了一个教练，每周锻炼三次），还为此买了新的运动鞋。之后，他尽情享用了一顿午餐。午饭时，他说他对一家餐馆的老板朋友很生气，因为他没有被很好地对待。对他来说，最重要的是他一直很自信，说出了他想说的话，而且是自然而然地说出来的。对迈克尔来说，这完全证实了他和我一直在谈论的事情——当他准备好维护自己的时候，他就会这样做。当他无法坚持自己的立场时，对自己采取共情的态度会产生他所希望的结果：他现在可以“在等式中”了。这种认识深化了前缘和理想化自体客体移情。

这种疗法肯定了我积极参与前缘的力量，特别是当它不被干扰的时候。经典自体心理学一直认为对移情的诠释是治疗师在共情失败和移情断裂后才开始的。这个案例表明，无论是由治疗师还是由病人发起的关于这种联结的讨论，都增进了治疗和自体发展的前缘。甚至在这个案例中，理想化移情已经牢固地就位。迈克尔意识到，当他感觉与一个值得信任的人联系在一起时，他就处在了最佳状态。尽管一开始只是无意识地，但后来，他已经开始有意识地理解这种深层次关系的力量了。在讨论中，纳入前缘的诠释已经将我们双方都锚定在了分析工作的主体间前缘维度上，并拓宽和深化了我们之间的关系。

下篇

实践中的应用

第八章

重新审视忧郁

从主体间自体心理学视角看抑郁及其治疗

彼得·B.齐默尔曼

* * *

在这一章中，我将从主体间自体心理学的角度探讨忧郁（或抑郁）[1]及其治疗。我将首先讨论弗洛伊德1917年的开创性著作《哀悼与忧郁》（*Mourning and Melancholia*）。基于这一早期构想，我将从主体间自体心理学的角度对忧郁进行重新定义。

我将展示抑郁是对自体感丧失的情感反应。当遭遇失去重要他人或与世界的重要联系时，人们感到失去的是某个人或某种活动在维持抑郁者的自体体验中所发挥的自体客体功能。感觉到失去必需的自体客体功能的后果就是失去自体感，结果是绝望。接下来，我会介绍如何遵循这样的理论指导抑郁的治疗实践。我会通过讨论治疗亚当的案例来说明我的观点。亚当是一个极度抑郁、有自杀倾向的年轻人，我在刚开始做心理治疗师时经历了这个案例。关于抑郁及其治疗，亚当给我上了最重要的一课：抑郁症病人是渴望自己的绝望被理解的。最重要的是，在临床环境中，这种绝望是可以被我——他的治疗师——理解的。抑郁被理解和被接受的体验为病人与治疗师一起参与到心理治疗之中提供了背景，也让抑郁症病人可以开始哀悼过程。

我的理论出发点是弗洛伊德（1917）《哀悼与忧郁》的论文。在这部开创性的著作中，弗洛伊德考察了哀悼者和忧郁者的不同体验，并得出结论：哀悼者哀悼的是人的失去，而忧郁者则遭受的是自我（ego）的损失。弗洛伊德指出，区分忧郁和哀悼的最重要因素是他所说的“自尊失调”。他认为这种失调是忧郁的一个特征，但是哀悼没有。弗洛伊德说：“在哀悼中，是世界变得贫穷和空虚；而在忧郁之中，变得贫穷和空虚的是自我（ego）本身。”（第247页）（标准英文版，第十四卷，第246页）然后，他添加了下面一句重要的话：“与哀悼的类比使我们得出结论，他（病人）蒙受了客体的丧失；他（忧郁的病人）告诉我们，他失去了自我。”（第247页）弗洛伊德得出的结论是，如果这是真的，精神分析将“面临矛盾，提出了一个难以解决的问题”（第247页）。当然，他的开创性论文试图解决这个难题，并以让人难忘的语句结尾：“因此，客体的阴影落在自我（ego）之上，自我从此可以由一个特殊的心理结构来评判，它仿佛是一个客体，一个被抛弃的客体。”[2]（第249页）

临床上最重要的是，弗洛伊德建议治疗师不应质疑抑郁症病人对自我感觉丧失体验的真实性；相反，“我们必须确认……（病人的）陈述，因为他肯定在某种程度上是正确的，并且他所描述的事情在他看来就是这样的”（第246页）。弗洛伊德在接下来的儿段中继续说道：

> 因此，重要的事情不在于忧郁者痛苦的自我贬低是否正确，因为他的自我批评与其他人的意见一致。重点应该是，他正确地描述了自己的心理状况。他失去了自尊，*这肯定是有原因的*。
>
> （第 247 页，斜体字是后加的）

弗洛伊德说，我们必须从病人的体验世界内部去理解病人的忧郁。我们必须接纳病人的抑郁情绪是有道理的，这意味着病人有“充分的理由”抑郁，而且原因是治疗师和病人都能理解的。

因此，弗洛伊德强烈主张所谓共情的内省观点，科胡特（1959）称之为精神分析的观察立场，科胡特在自恋研究中把共情恢复到了应有的位置。这与生物精神病学外向的观点形成了鲜明对比。生物精神病学认为，病人的抑郁反应是由大脑的生物化学失衡而导致的，不适应环境或与情况不成比例，没有任何意义。弗洛伊德则明确指出，我们需要从病人自己的参照系中理解其抑郁反应。在这个参照系中，病人的体验是有意义的。这就是我们如何理解病人的抑郁。

弗洛伊德对忧郁症病人的评论与科胡特在自体心理学中关于自恋病人阐述的中心思想有着惊人的相似之处。科胡特认为，要想了解自恋病人，我们必须从他们自己的参考框架内去探索他们的体验。

值得注意的是，在这样的背景下，就在弗洛伊德刚刚写完《论自恋》（*On Narcissism*）（1914）后不久，他在 1917 年又写了

《哀悼与忧郁》。这说明，弗洛伊德逐渐意识到了自恋和忧郁之间的关系。在《哀悼与忧郁》中，弗洛伊德指出“易患抑郁的倾向主要受到自恋的客体选择影响”，即使该理论“尚未通过观察得到证实”（第250页）。

既然自恋和忧郁之间存在联系，那么在主体间自体心理学的框架内，重新思考这种联系和“自恋类型客体选择的偏好”就是有意义的。

我们从自体心理学开始。科胡特的著作《自体的重建》（*Restoration of the Self*）（1977）中包含一种抑郁理论，他称之为空虚性抑郁，主要的感受是羞耻感和屈辱感[3]。科胡特指出，

> 一方面，有些人尽管没有神经症的症状、压抑或冲突，却过着无趣或没有意义的生活，并诅咒快乐而有意义生活的存在。另一方面，有些人虽然饱受严重的神经症困扰，却过着有意义的生活，并从生活中获得幸福感和满足感。
>
> （第242—243页）

他认为，造成这种差异的是自体状态——它的内聚性、结构稳定性和情感活力。虽然精神分析可能成功地根除神经症症状和压抑，但科胡特断言，如果自体病理未得到解决，病人将继续过着没有意义、没有快乐、没有活力[4]、缺乏方向感的生活；简而言之，这样的人会一直抑郁。

科胡特对我们理解人类的最重要的贡献是他的洞察，即人们不仅将他人视为爱或恨的对象（这是弗洛伊德的发现），而且还将

他人视为我们发展和维持自体所需的共情性回应的自体客体。我们将自体客体体验为我们自己的一部分。客体作为自体客体提供了人还做不到的心理功能，这些功能对于发展和维持一种内聚的、积极的、有掌控感的自体感来说是必不可少的。

科胡特（1984）指出，要让一个人获得坚定而有弹性的自体，我们需要一个共情的自体客体环境。这样的环境能够做到以下几点：

> 首先，父母的喜悦通过父母眼中的光芒（镜映需求）回应了孩子需要确认自体的需求；其次，回应孩子融入强大成人、获得安全感和力量的需求（理想化需求）；最后，回应孩子本质上相似体验的需求，感受到自己是人群中的一员（密友需求）。
>
> （第 194 页）

这些是科胡特认为在自体发展中必不可少的三种自体客体体验。如果这些自体客体体验缺失或不足，人的自体组织会很脆弱，容易遭受自恋的创伤或出现自体崩解。

抑郁的人调节情绪平衡的能力和自主感从根本上是受到损害的。抑郁的人有一种深刻的感觉，即他 / 她完全无法改变自己的感觉，也无法给自己的生活带来任何改变。

事实上，如果自体客体需求在发展过程中没有被共情，我们的镜映、理想化和密友自体客体需求没有得到充分满足，或者被照护者创伤性地拒绝了，我们就不会逐渐获得必要的自体结构，进而去调节自己的自体经验。因此，我们将继续依赖外部资源来调节自己的自体体验，维持我们的情绪平衡。我们将缺乏科胡特

（1984）所描述的那种“持续的自体感、催人奋进的雄心、与提供人生指引的内在理想保持持久的关系，以及与他或她获得才华和技能的持久关系”（第203页）。结果是一个脆弱、易破碎的自体，重要的自体客体功能都需要外部提供。

这就是抑郁者的核心自体体验：对某人或某项活动的深刻依赖，以获得迫切需要的自体客体体验来维持自体感，特别是自主感，但是却感觉到那个人或活动无可挽回地失去了。因为基本的自体客体体验被认为是不可恢复的，所以抑郁症病人会体验到深深的绝望。抑郁症病人的体验是缺少自体的一个重要维度。这就是弗洛伊德所说的哀悼和忧郁之间的区别。

在哀悼中，自尊感是可以恢复的；在忧郁中，自尊感则被体验为无可挽回地失去了。从自体心理学的角度来看这意味着在忧郁中，自体感受到了深刻影响，而在哀悼中则不会。这是什么原因呢？我以最简洁的形式提出以下构想：

哀悼是对丧失客体的情感反应，忧郁则是对自体客体丧失的情感反应[5]。由于丧失了作为自体客体的客体而导致了自体的丧失，忧郁是对丧失自体的情感反应。因此，我们可以说：哀悼是对丧失客体的情感反应，忧郁则是对失去自体的情感反应。

在哀悼中，人们会体验到他人的失去；在忧郁中，人们将丧失的他人视为自己的一部分。在哀悼中，是对感觉失去的客体感到悲痛和悲伤，因此世界感觉像一个空的地方；在忧郁中，悲痛和悲伤变成了绝望和屈辱，因为失去了必需的自体客体联结，自体感无法挽回地丧失了。因此是自体感像一个空的地方。无助感渗透到自体体验之中，结果是羞耻感和屈辱感。耗竭、空虚的自体对人来说是可耻的。

对丧失者来说，失去的客体往往会发挥必不可少的自体客体功能，也就是说，在病人的自体体验中会发挥重要作用。失去的功能越是必不可少，抑郁反应就会越强烈。因为自体感丧失的体验，以及由此产生的绝望、羞耻和屈辱感，如果存在纯粹的哀悼，那么这个人就只会把对方当作他者来怀念。但是，所有与他人的重要关联都承担着自体客体功能，因此失去这个人也总是会带来绝望。对于爱的客体来说这是千真万确的，因为爱的客体总是提供必不可少的自体客体体验。这意味着随着失去爱的客体，人的自体体验也不可避免地受到了深刻的影响，而抑郁反应则是哀悼爱的客体体验中不可避免的一部分。抑郁反应的严重程度取决于爱的客体在维持自体体验中有多重要。换句话说，一个人越是依赖与所爱之人的关系来维持自体，在面对失去所爱之人时的抑郁反应就越强烈。

在最佳情况下，一个人能够逐渐恢复自体感，这意味着其通过哀悼过程重新获得了有内聚力的自体体验。最理想的情况是：（1）能够接纳丧失产生的悲伤、无望和绝望。共情地接纳体验，使哀悼过程成为可能；（2）最终通过他人或活动的参与，有了新的自体客体联系，恢复了必不可少的自体客体功能，并为自体体验提供了新的可能。在长时间的哀悼之中，这被证明是最困难的，因为丧失的自体客体是哀悼者自体体验的中心组成部分。很多时候，被哀悼的人也是最重要的人。被哀悼者不仅提供了必需的自体客体体验，而且帮助哀悼者理解和接纳了丧失的体验，以及由此产生的情绪。对于爱的客体来说，这也是千真万确的。

不仅是与人的互动，还有参与活动，例如工作和娱乐。与自然、思想或事业的互动都可以构成一个人的自体体验，就像追求一个爱好、一种体育运动，参与艺术、音乐、文学等活动。这些活动中的任何一个都可能发挥重要的自体客体功能。这种投入性参与的丧失要么是因为自体客体经验的丧失，要么是因为这个人无法参与其中，这也可能导致失去自体体验，并导致绝望、羞耻、无望、无助和屈辱感。

无助感是抑郁的一个重要特征。它反映了一种自主感的丧失，即丧失为自己采取行动的能力。抑郁的标志之一是抑郁本身会让人体验到一种无法忍受的痛苦和屈辱的困境，而且当事人对此也无能为力。抑郁本身使人缺乏自主感，进而产生了屈辱感和羞耻感，这是抑郁所特有的。

自主感来自作为独立的主动中心能够代表自己采取行动的体验。相信一个人可以根据自己的抱负、理想、天赋和技能来塑造自己的生活，并为这生活赋予所期望的意义，从而带来幸福感和活力。这源于最早的、有回应的自体客体环境体验。当婴儿能获得他或她所需要的回应时，他或她就会感到自己对环境产生了影响。

当婴儿明确表达自己的需求时，最初是以哭泣的形式，后来则通过语言，如果身边的照护者有回应，婴儿的自主感就会逐渐发展起来，他或她会觉得自己是可以为自己采取行动的。相反，如果在一个无回应的自体客体环境之中，婴儿感觉无法从环境中获得所需的回应，那么他或她的自主感即使建立起来，也会发展得很差。总是这样的话，婴儿会感到自己完全依赖他人为自己发起行动。在以后的生活中，这个执行中心自体客体功能的人不在或失去了，那就意味着婴儿不仅失去了客体，还丧失了必需的自体客体体验。如此就会出现更多古老的自体客体需求，同时也会出现自体崩解和分裂焦虑的风险，以及随之而来的恐惧和绝望的感受。绝望、无望和无助之于忧郁，就像悲痛和悲伤之于哀悼。[6]

在每种关系之中，与爱的客体的纽带都既包括客体的维度，也包括自体客体的维度，它们以前台–后台的方式共存。对于有抑郁倾向的人来说，自体客体纽带是与他人的主要连接，因此是“主角”。这意味着自体客体纽带是他或她与他人关系中最显著的部分。一旦失去这个人，他或她就会感受到自体客体纽带的丧失，进而导致自体感的丧失和抑郁。在哀悼中，客体部分是主要的，是前景，而自体客体部分是背景，在后台更安静地运作着。在失去客体的情况下，自体客体体验的部分会感受到震动，但不会是自体客体纽带的创伤性破坏，不会出现自体崩解的体验，也不会发生旷日持久的自体感丧失。正如乔治·哈格曼（1995，2017）在对哀悼过程的概念化中所描述的那样，情绪反应是悲痛和悲伤。

抑郁的治疗

在主体间自体心理学的框架中，忧郁的治疗包括两个关键步骤。第一步是在治疗背景中提供一种共情的情境，在这种情境中，病人觉得他所丧失的体验是可以被理解的。抑郁的病人渴望一种感觉，即他丧失的感觉是可以被理解的，而且是可以被他的治疗师理解的。忧郁的病人渴望他的忧郁在对他或她有意义的背景之下被理解。这就构成了我们在主体间自体心理学框架中提到的——病人移情渴望的前缘。

抑郁的病人通常还不知道是什么原因导致了他们的抑郁，或抑郁从哪里来。抑郁者的担心在于自己绝望的体验不会被治疗师真切地了解与接纳。换句话说，他们担心对绝望的体验，不仅自己无能为力，而且治疗师也无法理解，并可能将其体验为一种负担。从病人的角度来看，这种恐惧可能已经被先前不成功的治疗或被抑郁折磨得精疲力竭的家人和朋友的反应所证实。令人担忧的是，抑郁者已经失去了希望，成了治疗师的负担。无论希望和渴望多么隐蔽和脆弱，抑郁的病人都想找到共情、专注、接纳的治疗师，治疗师开始理解病人的感觉是错误的，或者和病人一起发现这种感觉是不对的。

一旦抑郁的病人觉得自己抑郁的原因被理解，自己的体验能够因共情而被真切地接纳，即在一个有回应的主体间背景之下，他们渴望表达自己的悲伤和绝望，并相信它们是会被接纳的，这将使哀悼过程成为可能。当抑郁症病人第一次在治疗师的办公室里流泪时，哀悼过程已经开始，抑郁的治疗也已经开始。作为治疗师，我们为病人提供安全的环境。这让绝望得以被深度揭示，让病人感到自己有一个情感的家园，而且这个情感家园能够接纳其全部情感。

数月甚至数年之后，第二个步骤出现了，病人表现出一种重新寻求与治疗师密切关系的渴望。这种密切关系提供了自体客体体验，让“健康的萌芽”得以出现，并巩固自体的发展（Tolpin，2009）。这包括建立一个共情参与的环境，激活因最初的丧失而停止的自体活力。

如果一个人认为自己是有价值、有能力的，并且能够代表自己采取行动，那么自体感就会在“共情和有回应的背景下”得以发展和巩固（Stolorow & Atwood，1992）。或者就像我们说的“共情的背景”，接下来，治疗抑郁症病人最重要的任务就是在治疗情境中建立共情的背景。这会恢复病人的自体体验，进而发展出自主感。这正是病人在治疗抑郁的第二阶段所渴望的。这需要治疗师做出两个看似矛盾的承诺。第一，治疗师承诺参与自体客体体验，以便病人重新获得自体感；第二，当病人感到无法代表自己采取行动时，治疗师要表现出理解和耐心。

在治疗中，治疗师需要首先解决的是第二步：提供共情病人抑郁情绪的背景以促进修通抑郁的整个过程。抑郁的病人体验到治疗师在为他营造一个环境，一旦抑郁症病人感到自己的绝望能被接纳，治疗师能够理解自己抑郁的原因并感受到自己的体验和情绪，哀悼的过程就开始了。正是被共情接纳的体验让哀悼的过程得以开始。在这个阶段，治疗师向她的病人传达他们确实有所丧失，绝望的体验是可以理解的，也是有意义的。只有在这样的情况下，抑郁症病人才能开始接纳他们丧失的体验；也只有这样，他们才能最终找到让他们的生活变得有意义和有价值的东西，或者使自己有可能以新的、有意义的方式重新回到自己的生活中。这意味着建立一个共情的环境，以促进病人从抑郁中恢复。

下面是一个生动的例子，来自我自己的实践：一个抑郁的病人迫切需要我理解他抑郁的原因。在我精神分析职业生涯的早期，亚当（Adam），一位 20 岁的年轻人来找我，在他出院后一年，他曾试图自杀。当他找到我的时候，他又陷入了深深的抑郁之中，并且满脑子都是自杀的念头。几个星期以来，他一直徘徊在生死边缘。我深感担忧和焦虑，并不顾一切地试图找到让他继续活下去的理由。我尝试得越多，亚当就越绝望，越想自杀。我努力说服他，他还年轻，有机会发现他这辈子还想做些什么。对亚当如何把对父母的愤怒转移到自己身上，我做了诠释。我告诉亚当，是的，如果他自杀，他的父母会很遗憾，但他会死，一切都无济于事。亚当完全绝望了，因为我显然无法理解他的生活对他来说是多么的没有意义。我一周见他多次，每次治疗后，亚当都更想自杀、更绝望了（我也一样），直到他被送进了急诊室，住进了精神科病房。他接受了药物治疗，接受了几个星期的严格看护，然后才又见到我。

当亚当恢复他的心理治疗时，我终于冷静下来，真正地去倾听他的声音，真正理解了他抑郁的原因，而不是试图用说教的理由说服他活下去。亚当从小就想成为一名职业棒球运动员，但事实证明在他 8 岁时，他的父母就不再带他去看少年棒球联盟的比赛了。亚当觉得父母毁掉了他成为职业棒球运动员的机会。从那以后，他就再也没有挥过球棒了。现在他痛苦地意识到，自己想要成为一名棒球运动员的梦想永远也不会实现了。亚当被深深的无望感和屈辱感所征服，因为这也意味着他永远无法改变自己的生活处境；无法感受到自己是人群之中的一员；无法感受到人与人之间的平等了。

第一次，亚当的抑郁有所缓和，他强烈的自杀想法几乎立即消失了。这些都源于我重新调整了我的治疗立场，我敢于对亚当说：

> 你一直想成为一名棒球运动员，现在你 20 岁了，没机会了，不得不接受这一事实。所有对未来的希望都破灭了，我理解你觉得生活不值得过。

我说这话的时候非常惶恐，甚至更加绝望。因为，这难道不意味着我同意他自杀吗？然而令我惊讶的是，相反的情况发生了。

业当似乎第一次没有那么想自杀了。为什么？因为亚当觉得我能理解他了。

回想那时，这看起来很简单，但一切都改变了。成为一名职业棒球运动员的想法，在亚当被剥夺的童年中一直发挥着核心的自体客体功能。这对一个美国人来说再正常不过了。当这个目标显然无法实现时，亚当就陷入了自杀的想法和抑郁。当亚当觉得我理解他感到沮丧和不想活下去的原因时，我们第一次建立了真正的连接。现在，亚当觉得他的体验能够被接纳。这让他能够充分表达他所感受到的绝望，而且相信我是能理解他的。

随之而来的是为期五年的心理治疗，在我们持续地与亚当对生活的绝望感进行斗争时，我们的关系有很大的起伏。但是亚当自杀的想法却永远消失了。我们现在意见一致了。这种被理解的感觉，以及我可以共情地接纳他的绝望，让亚当逐渐接受了他深切的失落感，并开始与我一起哀悼并分享他的悲伤和绝望。他渴望抑郁的原因被理解，这是一种建设性移情的表现，构成了亚当和我关系中的前缘。

一旦抑郁症病人感到绝望的原因被理解了，他们就会渴望与他人共情一直压抑在自己内心的抑郁情绪。第一步就是开始理解抑郁。第二步是为抑郁病人烦躁不安的情绪提供一个精神家园。面对不知所措、烦躁不安的病人，接纳病人的绝望是治疗抑郁的核心疗愈体验。抑郁病人最深切的渴望是拥有一个稳定且能够付出情感的接纳者，让他来处理抑郁情绪。这才是病人需要的全新体验，以便展开哀悼过程。即使病人已经找到了一条巩固或实现自体感的新途径，这个过程都可能持续好几个月。接下来，会出现新的希望，也可能在任何时候重新出现挫折。

下面是一个例子。病人感受到她的抑郁情绪被共情地接纳了，进而可以解除抑郁，为哀悼腾出空间。

桑迪（Sandy）是一位 45 岁的女性，因为生活中突如其来的创伤经历，她在极度抑郁的状态下给我打电话。桑迪 15 岁的女儿因吸毒过量而住院。当我的病人第一次来就诊时，她非常羞愧地告诉我，作为一个母亲，她觉得自己是多么的失败。这一次，我很清楚桑迪需要我做什么。我回答说我理解："作为父母，如果孩子们表现不好，我们就会感到失败。"就这样，闸门打开了，桑迪抽泣起来。然后在随后的许多次会谈中，桑迪向我讲述了她作为一个失败母亲的故事，以及她所感受到的羞耻和内疚，她一直深深地哭泣，而我则安静而耐心地听着。

我了解到十年前，桑迪与丈夫离婚后曾试图自杀，这使她落下了半身瘫痪的毛病。从那时起，生活就是一场真正的斗争。知道了这些，我回答说，似乎有很多事情让她感到沮丧，我陪在她身边，她可以和我分享她的痛苦。我又补充说，我理解她的羞耻和痛苦，我想了解和理解她的所有绝望。在接下来好几周的治疗中，桑迪流下了更多的泪水，诉说了更多的悲伤。渐渐地，桑迪开始相信我并不是在评判她，她的抑郁对我来说并不严重，我不需要她不断变好，或者"克服抑郁"。她开始相信，无论她需要我陪在她身边多久，我都会陪着她，陪着她的抑郁。这就是桑迪前缘的渴望：拥有一种持续的体验，在这种体验中，桑迪可以带着她深深的悲伤、痛苦和绝望一起被承认和接纳。

在治疗桑迪的这些年里，和亚当一样，在她的生活中，在她的自体状态和心理治疗中，都发生了深刻的情感剧变。但是有了与我连接的体验后，我可以共情地接纳她烦躁和抑郁的状态，她就能够坚持住自己，为自己创造生活。在她的斗争中，每次挫折都会引发严重的抑郁反应。在这种情况下，桑迪会要求紧急会谈，或者打个电话联系一下，为了确证她没有失去我，没有失去我这个能共情地接纳她抑郁情绪的人。几年来，这种情况发生过好多次，她的抑郁一旦复发，就会重新唤起她的恐惧，担心她现在成为我的负担，担心我现在感到厌恶和厌倦，并希望摆脱她。

多年来，我学会了这样做诠释：我理解你害怕我对你和你的抑郁失去耐心，你害怕我再也不想被你打扰。在最近的一次挫折中，当她的新恋情似乎失败时，她找到了我，对我的反应感到非常沮丧和恐惧。桑迪不敢让人知道她再次感到如此气馁和无望。

我平静地告诉她不用担心，我没有不知所措，没有厌烦，也没有失去耐心，并邀请她告诉我她的故事。桑迪又开始深深地啜泣，几乎要大哭起来，同时告诉我她正在经历的事情。到会谈结束时我确信，这次共情接纳的体验，使我们之间的连接得到了巩固。我相信桑迪有能力重新开始她的生活，尽管她对这段感情没有结果感到非常难过。在随后的治疗中，我们分析了创伤体验给桑迪带来的意义。

一旦桑迪觉得她的抑郁有了一个可靠的接纳者，并开始哀悼自己所有的失败时，治疗的重点就逐渐转移到了与我建立必需的自体客体体验上。这一纽带让桑迪开始培养自己的自主感。她越来越觉得自己能够应对女儿给她带来的挑战，因此她是一个“足够好”的母亲。

在治疗环境中，发展过程得以恢复，最终导致我之前执行的镇静和抚慰的功能内化，桑迪有了自我调节的能力，逐渐恢复了自己的价值感，成了一个独立的行动中心。

当病人获得了能够以自己的名义采取行动的感觉时，她就能够重新开始赋予生活自己所期望的意义，并积极地追求自己的目标。抑郁也就会随之解除。由于一个人能够代表她自己采取行动的感觉来自有回应的自体客体环境的体验，因此治疗情境代表了一个非常适合恢复所需体验的环境。为了与她的发展需求相适应，病人需要在与治疗师的自体客体移情关系中获得所需的回应。

随着病人的前缘渴望在自体客体的移情关系中得以实现，治疗情境成了一个建设性的主体间场，从而导致了自体体验的转化和成长。抑郁会消退，并为巩固自体腾出了空间。然而当病人体验到这种联系被破坏时，抑郁就会复发或加剧。在双方互动参与的背景下，治疗中的破裂是不可避免的。修复这些破裂，以及与治疗师保持完好无损联系的持续体验，对于从抑郁中恢复和恢复自体都是必要的。

正如史托罗楼、阿特伍德和布兰德沙夫特（1987）所指出的那样：

> 分析师的任务是从病人体验的角度分析话语的起伏，包括不可避免地脱离正常轨道，并探索它们对病人自体感的影响，以及对回忆起来的早期创伤体验的影响。
>
> （第 13—14 页）

换句话说，治疗师需要理解病人的抑郁在治疗中是如何加剧或消退的，这取决于病人在移情中是如何体验治疗师的，以及这些体验对病人的意义，还有它们从病人过去中被回忆起来的意义。

在共情参与的背景下，脱离正常轨道是必然的，也是不可避免的。治疗师的职责是从病人的角度分析和探索这些体验。通过这样的分析，治疗师恢复了移情纽带并建立了一个共情和有回应的环境，这让哀悼过程和自体发展得以恢复。而治疗师如果不理解，造成共情回应环境的长期中断，则会导致病人抑郁的加重，进而大大增加其自杀的风险。抑郁的病人对移情感到恐惧，渴望以其需要的方式被接纳和回应，害怕遭遇到早年生活环境中的错误回应。这种恐惧会导致强大的阻抗，进而加剧抑郁。这样的阻抗经常被心理治疗中的体验唤醒，对抑郁症病人来说，这表明治疗师没能共情参与，也不能为病人所用。已经感到毫无价值且羞愧的抑郁症病人对哪怕是治疗师最轻微的评论或手势都非常敏感，以此来证实他们最大的恐惧，也就是说，让治疗师认同他们的绝望感。这会导致进一步的绝望和屈辱感。尤其是治疗师身上任何带有不耐烦意味的细节，都将成为抑郁症病人的“证据”来表明治疗师已经受够了，这可能导致病人进一步退缩，从而变得更加抑郁。

在抑郁症病人的心理治疗中，基于治疗师对病人无助感和无望感的反移情反应，可能会出现危险的、反治疗作用的病情恶化。病情的持续恶化可能以下列方式出现：病人感到绝望和无望，因此向治疗师求助。而治疗师希望减轻病人的痛苦，同时又迫切需要抵御自己的无助感，就会为病人提供如何自救的建议。反过来，这些“善意”的建议给病人带来了额外的压力，让病人不得不去做一开始可能做不到的事情。结果病人会感到更加沮丧，因为病人现在还要担心会让治疗师失望，害怕治疗师会放弃他 / 她。抑郁的加剧可能会导致治疗师产生更大的无助感，治疗师会通过变得更加积极来抵御这种无助感，从而使恶性循环持续下去，直到病人最终可能会出现戏剧性的自杀，或以其他方式表达这太难做到了。

当我们面对处于急性抑郁状态的病人时，治疗的立场是让病人参与到他的体验中来，从病人的角度倾听和探索其失去了什么。接下来，需要传递：据我们所知，病人的绝望是可以理解的，也是有道理的。治疗师的任务不是尝试去改变病人正在经历的事情，而是让病人参与到他正在经历的事情之中。这种共情的理解有助于建立移情纽带，连接共情的背景。在这种情况下，病人就会体验到自己被理解了，而且自己的体验也可以被接纳。这种纽带是治疗抑郁的生命线。只要生命线完好无损，抑郁症病人的治疗就可以继续进行，自杀的风险也会被遏制。在抑郁症病人的治疗过程中，如果治疗师感到这种纽带已经破裂或消失，或者治疗师觉得在心理治疗中无法建立情感纽带，治疗师就必须做些什么。治疗师必须干预，因为病人自杀的风险很大。干预措施包括建议病人接受紧急的心理干预，或联系病人的伴侣、朋友或家人，再或者，建议病人去急诊室或拨打 911。

在应对抑郁时，治疗师所面对的最大困难是反移情问题，就是治疗师自己在面对抑郁症病人时的无助感、无望感、徒劳感和绝望感，以及由此产生的想要做些什么的冲动。除了仔细探索我们自己的情绪反应（这是我们处理任何反移情反应的特征）之外，我认为就这个特定的问题，我们还需要额外做些什么。在生活中，我们需要一个与我们的渴望和需求相称的、持续的自体客体环境。如果没有这样一个共情和时刻回应的情感家园（无论哪个治疗师都一样），我们就无法相信我们能为抑郁症病人提供前缘体验。

注释

1. 我将交替使用忧郁和抑郁（症）这两个术语，因为它们最重要的临床表现是一样的：它们都是情绪障碍，以消极情绪状态、反刍思维、自杀倾向和快感缺失为特征。
2. 这一概念，即评判自我（ego）的特殊心理结构，成了超我（superego）概念的基础。
3. 科胡特所说的空虚型抑郁，病人的主要感受是羞耻和屈辱，而弗洛伊德所说的内疚型抑郁，病人的主要感受是内疚和自责。
4. 安德鲁·所罗门（Andrew Solomon）在一篇关于他从抑郁中康复的文章中写道："抑郁的反面不是快乐，而是活力。我写这篇文章时，我的生活是充满活力的，即使是在悲伤的时候，也是充满活力的。"
5. 关于客体和自体客体之间的区别，另见朵缤的著作（Tolpin，1986）。关于自体客体在儿童哀悼过程中的作用，参见谢恩夫妇的著作（Shane，1990）。
6. 在日常语汇中，习惯上悲伤和抑郁是差不多的，但事实并非如此。悲伤是伴随着哀悼的情绪；而抑郁所特有的情绪是绝望、无望和无助感，最终没有任何情绪，是一种空虚、紧张的状态。

第九章

成瘾

主体间自体心理学视角

哈里·保罗[1]

* * *

背负着经典理论的信条，精神分析在治疗成瘾方面有着悠久但并不十分成功的历史。这些信条信奉所有的成瘾都是由早期痴迷手淫演化而来，采用经典的技术，强调历史理解的重要性，但这些没有成为有效治疗成瘾者的工具。

在长期治疗中，病人往往无法自力更生，情况往往比开始治疗之前更糟，因为他们在整个治疗过程中仍然无法摆脱成瘾。早期的精神分析先驱，如瑞达（Rado，1933），将成瘾描述为“一种人为地保持自尊的自恋障碍”。而西梅尔（Simmel，1948）则将成瘾描述为植根于幻想。尽管他们已经开始理解成瘾者的体验，然而作为临床医生，他们仍然受到一些金科玉律的困扰，这些治疗观念将瘾君子污名化为不可治愈或很难治疗的。因为经典的观点认为自恋的病人不会产生“真正”的移情。此外，最重要的是瘾君子承受的治疗都是针对主体间自体心理学（ISP）所说的后缘，好像仅凭这一点就足以开始保持操守，进而将瘾戒掉。也就是说，成瘾者没有机会参与到主体间自体心理学提出的充满希望的前缘移情体验当中。在我们的模式中，重点是建设性移情、前缘和希望才能促进心灵成长。与治疗师一起建立、维持必要的前缘移情，取代了由成瘾引发的虚幻幻想。

对于成瘾者来说，这意味着有能力过上无瘾的生活。一旦开始治疗，参与到治疗过程之中，体验到必要的、疗愈性的前缘纽带所带来的心理营养，通过共享的自体客体体验的力量，成瘾者可以拥有变革性的、成功的治疗体验。成瘾者试图用他或她所选择的成瘾物质反复替代缺失的心理结构，通过移情的前缘重新开始发展的过程，进而获得缺失的心理结构。病人和治疗师双方都尝试保持一种成功的治疗，以提供“生活在前缘之中”的体验。渴望的、必需的建设性自体客体移情，而非自恋幻想的持续参与，构成了病人与治疗师之间的治疗纽带，提供其缺失的心理结构。这与传统观念截然不同，传统观念认为病人在治疗中是不断得到“满足”的。相反，在最初的父母自体客体环境中缺失的、必需的心理结构，病人能通过吸纳自体客体移情的前缘而获得。

在2006年与理查德·乌尔曼（Richard Ulman）合著的书中，我们提出成瘾的核心在于“自恋情结”。希腊神话中，纳西索斯（Narcissus）因为被自己水中的形象牢牢抓住而饿死。纳西索斯的神话结合刘易斯·卡罗尔的《爱丽丝漫游奇境》（1865），我们假设成瘾者迷失在一个让人上瘾的仙境或自恋幻想之中。这些幻想的吸引力如此强大，以至于成瘾者就像纳西索斯一样出现解离，对自己身心受到的伤害浑然不觉。理解纳西索斯神话和成瘾的关键在于纳西索斯是在水中迷失了自己，水是无生命的，他使用、滥用这池水，就像瘾君子在选择毒品时所做的那样。

在这些令人沉醉的幻想影响之下，成瘾者狂妄自大地确信他们可以控制他人和事物，直到后来才意识到他们正在毁灭自己。《魔法师学徒》中米老鼠的故事描绘了一个令人警醒的成瘾故事，在这个故事中，米奇被魔法扫帚的魔力所诱惑，就像成瘾者迷失在一种夸大的幻想之中，字面和象征意义上都沉浸在自己超凡力量的幻觉之中。

这种成瘾模型由四部分组成：第一，成瘾的是“什么”，或者说成瘾的现象学；第二，成瘾的病因和发病机制；第三，成瘾的类型，即具有成瘾型人格的人表现出不同类型的成瘾；最后，是如何治疗成瘾。除了成瘾的类型，我将在本章中讨论提到的所有内容，如果读者感兴趣的话，《仙境中的纳西索斯》一文中详细讨论了成瘾的类型。

如前所述，这一理解成瘾治疗的理论在各个方面都与主体间自体心理学的原则基本相同。然而，主体间自体心理学超越了这些想法，特别关注更广泛地理解建设性移情的概念，治疗过程中前缘的重要性，以及移情的前缘所促进的发展。前缘促进的发展最早由科胡特提出，但不仅仅是发生在分析破裂时。

成瘾的根源在于使用、滥用我们所谓的成瘾触发机制（addictive trigger mechanism，ATM），例如酒精、毒品、食物、性，它们都会提供替代性的、虚假的自体客体体验（乌尔曼 & 保罗，2006）。因为在童年时，照护者无法提供足够的、真实的、人际的自体客体体验，成瘾者从未产生自己新的心理结构。正是人际之间的自体客体体验非常有限，才使得孩子容易成瘾。由于无法从内在调节自尊，而且照护者没有提供足够好的自体客体体验促进孩子心理结构的新生，成瘾者使用成瘾触发机制激活这些虚假的自体客体幻想暂时让他或她在心理上感到更内聚和完整，不幸的是这只会导致更多成瘾触发机制的滥用。它们是虚假的自体客体幻想，不可能发生任何心理结构的构建，必须通过无限期地依赖它们来建立一种保持自恋的感觉。所有的成瘾都涉及对一种古老的自恋幻想的执念。使用或滥用成瘾触发机制，不管是有生命的还是无生命的事物和行为，都涉及童年早期幻想的无意识再现，从焦虑的认知和情绪状态中解离和麻醉，这也是恍惚或神游状态的一部分。这些类似自体客体体验的幻想，包括理想化、镜映和密友自体客体体验的幻想，只能暂时弥补成瘾者渴望的真实自体客体体验。

成瘾触发机制暂时缓解了这些烦躁的情绪状态，因为古老的自恋幻想、理想化的镜映和自恋的幸福情绪模仿了抗焦虑药、抗抑郁药和人性化的自体客体体验的作用。成瘾者对特定物质的选择、使用，甚至是滥用取决于特定成瘾触发机制的特定精神作用。成瘾者早期的发展失败主要是在理想化方面，成瘾者在寻找一种轻松、舒缓、平静的融合体验来提供缓解焦虑的功能。在成瘾者寻找安非他命（译者注：毒品，一种兴奋剂）对抗抑郁时，照护者没能为成瘾者提供充分的镜映自体客体体验和必要的心理结构。而这些让人上瘾的体验是建立在虚假的镜映体验之上的亢奋的出风头。另外，成瘾者通过成瘾触发机制寻求密友自体客体体验，潜意识地幻想与另一个自己的密友体验，在这种体验中，一个人感到有同伴陪伴，感受到了更为人性化的体验。最后，成瘾触发机制会引发夸大的幻想，一种成瘾者可以完全控制周围环境的幻觉。也就是说，通过摄入某种物质或使用某种物质或某个人，他们可以保持一种错觉，即他们可以控制周围的一切和所有人。嗑药、喝酒、利用某个人等等，让成瘾者相信自己是宇宙的主宰。治疗过程的关键部分是治疗师创造一种环境，让病人产生控制治疗过程的错觉，模仿他们在使用成瘾触发机制时的控制体验。在这个过程中，治疗师以一个可靠的自体客体形象出现，成瘾者与他一起冒险，敢于恢复渴望的自体客体体验，从而获得永久的自体结构，不再依赖幻觉和幻想。

区分真实的自体客体体验（建设性移情）与虚假的、替代的自体客体体验可以有四个标准。首先，真正的自体客体是促进改变的，在整个生命过程中持续支持自体的健康发展。而虚假的自体客体体验则是畸形的，导致破坏性和致命的体验，威胁到自体的完整。其次，真正的自体客体体验是从早期的幼稚形式发展到成熟自体客体关系的进化过程。而虚假的自体客体体验则是退化的，它们仍然停留在原始体验之中，没有发展。再次，真实的自体客体体验提供维持生命的体验，而成瘾触发机制则是退化的。最后，真实的自体客体体验是有复原力的，可以恢复健康的自体感，而虚假的自体客体体验则是退缩的，只会削弱自体感。

接下来，我们（乌尔曼 & 保罗，2006）对成瘾病因的理解将在三个特定的发展阶段展开。第一阶段，成瘾前的孩子像所有其他孩子一样，他们需要从照护者那里获得健康的、必要的、维持生命的自体客体需求。第二阶段，孩子会把一些与照护者相关的自体客体体验投注到非人类的自体客体体验当中，赋予事物和活动——比如一条毯子——以神奇体验。随着孩子的成长，照护者不再能够提供所有必要的、健康的自体客体体验，这些角色被交给了非人类世界。孩子将事物和活动拟人化，赋予它们部分人类的品质，然后它们成为健康的过渡性自体客体。接下来在健康环境中，孩子保持与过渡性自体客体的联系，同时继续参与越来越亲密的关系，在他人和健康的过渡性自体客体（从定义上讲，它们与不健康的成瘾触发机制恰好相反）的支持下发展出充实而富有活力，也是生活所必需的心理结构。而成瘾者遭受发展停滞之苦表现在他们欠缺与他人发展情感上亲密的自体客体体验的能力，所有这些都是他们与童年照护者欠缺健康自体客体体验的结果。

在主体间自体心理学的视角下，照护者在自己的后缘位置上承受着沉重的情感负担，无法为他们的孩子提供必要的前缘体验以建立必要的心理结构。与成瘾有关的发展停滞将成瘾前的孩子推入防御状态，这与健康孩子的前缘体验相去甚远。因为可靠的、持续的自体客体体验没法充分获得，这些发展所必需的前缘体验被埋没了，得不到心理成长的希望。

成瘾的孩子不再主要依赖人类照护者，进而远离人类世界，开始过度投注，过度依赖事物和活动。这样的孩子不是被照护者当作一个人来相处，他们经常感到被照护者利用或忽视，并且在非人的世界中发展停滞。这成为后来精神病理的结晶点。来自他人的自体客体体验越来越难获得，并且体验为越来越不可靠，这让孩子更加无望和绝望。对事物和活动的过度使用，童年时被利用的体验，没有充分地被当作孩子对待的体验，以及没有充分体验到真实的自体客体体验，这些结合在一起都使人今后容易陷入成瘾。

马克吸毒成瘾，也酗酒。他记得作为一个孩子，他会把吸尘器作为自慰的工具，缺失可靠的人类自体客体体验，依靠非人类的机器将缺失的东西具体化对成瘾者来说挺常见。乔是个酒鬼，小时候弄伤了手指。当他的父亲知道治好手指的花费时，他问医生切掉乔的手指是否比治好手指更便宜。父亲没有共情乔，而是将他视为一个非人类的实体，乔的这段童年记忆让他回想起没有被当作人来对待的体验。

最后，成瘾的治疗侧重于在精神分析的过程中促进幻想表达这一本质特征上。治疗的第一步是将戒断作为目标，成瘾者放弃自己选择的成瘾触发机制，这样就可以使对治疗的健康自体客体幻想——促进建设性前缘移情体验——最终取代病人成瘾触发机制的功能。如果成瘾者仍然沉迷于成瘾触发机制及其暂时提供的幻想，那么来自治疗师的自体客体体验的滋养就没有机会取代成瘾触发机制，也没有机会让移情的前缘影响病人的心理。这是早期精神分析师的错误，他们没有将戒断作为重要目标。病人被期望更多地了解自己和他们的过去，分析师错误地认为这样就会导致治疗的进展。主体间自体心理学和自恋模型的重点是共享的幻想，提供可靠的和持续的镜映、理想化或人性化体验。在持续的治疗过程中，病人和治疗师之间的破裂和修复是不可避免的。这是治疗师需要解决的，而不是责备病人。在这样的体验中，成瘾者首先通过移情把治疗师幻想成过渡性自体客体和人类自体客体的组合。主体间自体心理学改变了成瘾治疗的模式。在我们之前，科胡特关注破裂，不只如此，治疗师更要关注持续的、建设性的移情幻想，以及时刻调谐参与的重要性，这两者都会促成健康的自尊。前缘移情体验的力量让成瘾者从他们过去可怕的体验中获得希望。

成瘾者成瘾越严重、越分裂，对治疗师的初始移情就越依赖于过渡性自体客体的再现，而较少依赖于他们过去的人类自体客体体验。然而正如成瘾者所体验到的那样，最初的前缘移情主要是由分析师人性化的部分对成瘾者前缘的调谐所构成，为成瘾者提供他或她曾经错过的建设性心理营养。这是对最初在《仙境中的纳西索斯》中提出的理论和治疗方法的重大改变。在治疗中，成瘾者首先体验到的是过渡性自体客体的、人性化的、前缘特征的力量，正是这种力量进而发展为完全成熟的人性化自体客体体验。治疗过程是破裂/修复循环过程的组合，感觉到的建设性前缘移情推动了治疗过程，治疗师逐渐被体验为越来越可靠的人。这样的移情体验，包括对抗焦虑或抚慰身心的理想化体验、对抗抑郁的镜映体验，或消除羞耻的密友体验。这会导致健康的疗愈性分离，在这样的幻想中，治疗和治疗师变成了幻想中的百宝箱。这种前缘移情为成瘾者提供了开始新生活、摆脱虚假替代品的能力，并为更亲密的人际关系打开了大门[2]。

罗伯塔（Roberta），一位37岁的女性，已经接受了近三年的心理治疗。最初始于夫妻治疗，罗伯塔和她的妻子莎伦（Sharon）是一位同事推荐过来的，这位同事是罗伯塔和她妻子的朋友。两人之前都没有接受过治疗，她们已经结婚十年了（译者注：在美国加利福尼亚州，同性婚姻是被法律接受的）。她们在开始治疗的前一年才从加利福尼亚搬到纽约。她们来寻求帮助是因为这些年来困扰她们关系的争吵越来越持久，并且干扰到了她们原本认为很好的关系。

在她们关系的早期，两人的态度是“开放”的。在这种关系中，与其他伴侣发生性关系是可以接受的，只要不涉及情感连接，并且是公开且诚实的。然而当她们决定结婚时，她们彼此承诺婚姻关系之外的婚外情和性行为将停止。在过去的五年里，罗伯塔的两次幽会被莎伦发现。她们都担心这种情况会持续下去，并最终导致她们的家庭破裂。她们是一对非常美丽而优雅的伴侣，当她们第一次来到咨询室时，我就意识到外表和美貌对她们两个来说都非常重要。她们看起来就像是出现在杂志封面上或是宣传文章中的成功人士。她们都是毕业于著名的常春藤盟校的律师，有自己的事业，并有两个孩子。

在大学里，罗伯塔[3]也曾经是一名国家级运动员，只是因为一场伤病结束了职业生涯，没能有机会进入美国国家队。体育运动对她俩的幸福感至关重要。一方面，罗伯塔对自己选择的运动十分精通，这极大地提升了她的自尊和整体幸福感，但另一方面，这也助长了她的成瘾和妄自尊大。而且对治疗有重大贡献的一个因素是，她对自己成为运动员的愿景，以及运动对于我（治疗师）的自体感的作用，激发了共同的幻想，并构成了治疗前缘的重要组成部分，我将更详细地讨论这一点。作为一名刚从学校毕业的年轻女性，罗伯塔的律师生涯一直处于上升期。27 岁时，她已经是一家娱乐业企业的合伙人了，她创办了这家公司，然后带着几百万美元离开。后来她开始了一项新业务，虽然成功，但她每周都要出差 4 到 5 天。她辞了那份工作，也放弃了她在那家公司的股份，因为她发现随着家庭成员的增加，离开家变得越来越痛苦。

她也很清楚作为一名商业上成功的女同性恋者，身份给她和莎伦的关系带来了巨大的压力。与过去的婚外情有关的信任问题是她们走进咨询室的首要原因。正如我所了解的，与孩子的关系对她来说非常重要，但自己经常不在家让罗伯塔想起自己童年时父亲经常不在家的情形。她不想重复这样的情形，尤其是对身有残疾的小儿子。

一想到一连几天都不能陪在这个孩子身边就让她无法忍受。于是罗伯塔离开了公司，在家里待了几年，以便有更多时间陪伴她的小儿子。罗伯塔还透露，远离妻子和孩子的时候，有机会遇到其他女性，其中有一些还会上床。但是，通常这些相遇只会是一起吃晚餐，她们会喝酒、吃饭、调情几个小时。如果上过床，她会很少想再见到那个女人。

对罗伯塔来说，在陌生的城市，下班后在酒吧里偶遇一个陌生的女人并赢得她是令人兴奋的。她知道自己在玩火，却又控制不住自己，也不知道为什么。她说赢得她们让她觉得自己很特别，而且瞬间就达到了高潮。后来在治疗中，她会把它比作跑步者的高潮。而且随着治疗的展开，她开始承认她渴望被爱。除了更多的时间陪小儿子之外，她认为离职的另一个原因是减少与其他女性的接触机会。正如她所理解的那样，这只是改变一下环境而已，因为在她停止工作几个月后，她对吸引女性的兴趣很快又回来了。

在过去的八年里，罗伯塔一直是一位连续创业者。作为律师，她能够参与一些交易以继续推动她早期生意的成功。但在大多数情况下，她仍然是不工作的。然而在这些交易之中，两项失败了，而剩下的一项成功了，但她并不认为这是一项成就。而她的妻子在过去十年中曾在两家律师事务所工作，最近成了合伙人。虽然罗伯塔为她感到无比自豪，并非常支持她，但当罗伯塔将自己与莎伦进行比较时，她觉得自己很失败。在过去的五年里，当她的伴侣早上八点去上班时，她一直负责照顾她们的孩子，穿衣、喂食，以及送他们去学校或幼儿园。这还包括她接送身有残疾的小儿子到离家半小时车程的专门学校。无论怎么看她都是一位伟大的妈妈，尽管她在个人生活和职业生涯上都经历挣扎，但罗伯塔仍然面带微笑，非常高兴地照顾她的孩子们。罗伯塔和莎伦之间的争执是她不希望沙伦把她所做的一切视为理所当然。罗伯塔理解莎伦在工作中的压力，并支持她，但她也希望莎伦更加认可她为家庭所做的一切。正如我们所理解的，她一直渴望被人看到、被人镜映和被人肯定自己是有价值的。

所有这一切，商业上的失败和她认为自己只是一个母亲，导致她变得越来越精疲力竭，让她对伴侣几乎无法容忍。莎伦在白天可能会忘记给她打电话，或者晚上因为工作原因无法接听她的电话，罗伯塔就会生闷气、发脾气，然后远离她。她们之间的争吵往往都是这样。罗伯塔会因为感觉被莎伦冷落而生气，会感到受伤，然后罗伯塔要么不和莎伦说话，离开她，要么整晚争吵却无法解决问题。莎伦常常觉得自己辜负了罗伯塔，常常觉得自己不是个好妻子，因为罗伯塔总是很失望。

在治疗早期的一次会谈中，当我们讨论她的过去时，她讲了一个故事，关于这个故事的讨论导致了治疗的关键性转变。罗伯塔在加利福尼亚长大，家庭生活优越。六岁的一天下午，当她和母亲一起乘车时，车子突然停了下来，母亲要求罗伯塔下车。罗伯塔一直在抱怨，心烦意乱，不听母亲的话。罗伯塔被扔在路边。她回忆起她不知道自己在哪里或应该做什么。五分钟后她妈妈开车回来接她，告诉她这是给她的一个教训。妈妈说，从今以后她再也不能不听话了。罗伯塔讲述这个故事就像人们谈论在乡下再平常不过的开车兜风一样。罗伯塔说，好像是妈妈在跟她说话，但她没有听。结果是因为她做了什么错事而被扔出车外。罗伯塔讲述这个故事的方式对我来说，与我所知道的恐惧完全不一样，那是一个6岁小女孩被母亲遗弃在路边后产生的恐惧。罗伯塔记得实际发生的事，但她记得更多的是她的父母多次重复这个故事。作为一个有趣的例子，这个故事是家庭传承的一部分。我问她对这个故事的感受，更尖锐地指出她讲述故事的语气与那个孩子的感受不协调。

罗伯塔对我的问题持开放态度，也很愿意去思考它。她开始谈论这个故事，每当父母回忆起这个故事时她感到多么难受，她不知道自己为什么会笑。我质疑她的故事、她的感受，而这深深影响了她。起初她否认自己有任何感受，但在那次会谈快要结束时，她非常沮丧。罗伯塔在下次会谈之前打来电话，说她和她的妻子已经讨论过这个问题，她问我是否可以单独见她几次。她向莎伦解释说，如果她们要取得进展，她需要先见我。我同意了。从那以后，我就再也没见过莎伦，差不多三年过去了。莎伦找到了她自己的个人治疗师，罗伯塔和我每周见面两次。在下一次会谈时，罗伯塔很想谈谈那次被赶下车的事，以及更多的家庭时刻。在这些时刻，她的感受与实际感受大不相同。在重新思考这些时刻时，她意识到她经常会隐藏自己的感受。在罗伯塔家里，承认自己感到害怕或恐惧是不被接受的。罗伯塔说，她的母亲很少在场，而她的父亲在情感上则更容易接近，但是他俩都无法接受她所说的真相。她的母亲对她的任何孩子、她的兄弟，甚至对她自己，都无法共情。

在治疗开始的前几个月里，我经常感觉到罗伯塔讲述的时候像是使用断断续续音乐的语言，常常是很短的词句，断断续续地说着，有点不连贯。那时我确实担心我能否跟上她或理解她。几个月后，这些如同孤立的点和线一般的词、句让她的讲述变得越来越连贯（用音乐术语来说就是连奏）。罗伯塔的讲述变得更连贯，我也就更容易跟上和理解了。

在治疗的最初几个月，她与我交流方式的这种变化，我相信是发生去羞耻过程的结果，也是罗伯塔和我参与前缘的结果，即罗伯塔想要一个理想化自体客体移情幻想。在理想化移情幻想的背景下，罗伯塔透露虽然她和莎伦很幸福，但这段关系始于一系列谎言。她解释说，在她们交往的前六个月里，她还和许多女性约会，这些女性也希望和她有未来。然后她透露，这种情况曾发生过不止一次。也就是说，在她遇到妻子之前的十年里，她曾不止和一个女人约会过。在这种情况下，莎伦和她正在交往的女性都相信自己是罗伯塔唯一的恋人。罗伯塔可以和我自由地谈论她的情史，她还向自己和我袒露，从中学开始，她一直都有交往的对象。正如我之前所描述的，她还袒露，从她结婚以来就还与其他女性发生过短暂的一夜情。罗伯塔说她喜欢调情，能感受到女人对她感兴趣。大多数时候，调情比性关系更重要。如果发生性关系，体验的最重要部分会是：女人觉得她是一个大情圣，她觉得自己很强大，而且很特别。罗伯塔和她妻子的性生活很好，她也很享受。罗伯塔说为性而性，她没什么兴趣，而且她对过度手淫或色情内容不感兴趣。正是在这一点上，我才明白让罗伯塔成瘾的不是性，而是爱。那些对她表现出强烈兴趣的女人们的陪伴会引起她的幻想，而罗伯塔赢得她们的兴趣会抵消她的耗竭，引起她对自己的夸大幻想。作为特别的人，觉得自己很重要并且被爱对罗伯塔来说是最重要的。随着理想化移情幻想的展现，这一点变得越来越清晰。最初，我的“无所不知”让我知道她被抛弃的感受。我不是那个让她失望的、被动的、缺席的父亲，我对她的感受感兴趣。

在讨论她对恋人的不断需求的过程中，我使用了“羞耻感束缚”这个词，指的是她需要总是有一个女人在她身边，而且罗伯塔需要知道她对自己的感觉。她再回来参加下一次会谈时，感觉有些不同。在接下来的心理治疗的前几周，罗伯塔的讲述更有连贯性，我感觉与她的联系越来越紧密。有些东西发生了变化。我问她是不是出了什么事，因为我能感觉到她不舒服，但我不知道为什么。在那次会谈中，尽管一开始她不能自由地谈论自己的感受，但罗伯塔慢慢地说出了她对我很生气，因为我用“羞耻感束缚”这样的话来说她。在探索她的感受时，她首先说她对我感到不安。然而她慢慢发现，她不喜欢“羞耻感”这个词，因为它意味着软弱，而罗伯塔不想给人留下软弱的印象。罗伯塔说，问题不在于我使用了“羞耻感”这个词，而在于她担心我对她的看法。我们显然必须讨论后缘，我们也就这样做了。罗伯塔害怕谈论她的羞耻感或脆弱，觉得它们会被我视为弱点。当她觉得我不像她父亲那样，觉得我对她的感受是感兴趣的，也对她和她小时候的经历能感同身受时，罗伯塔对理想化移情体验的渴望实现了：前缘。我们进一步谈到了她看到自己需要女性时所感到的羞耻，我谈到那需要勇气去审视、谈论自己人性深处的这些问题。去羞耻感，更加意识到她的脆弱，与理想化移情幻想携手共进，形成了前缘的最初一环。

在主体间背景之下，罗伯塔表达和揭示自己的能力越来越强，也就支持了前缘，即理想化移情幻想的发展。在主体间背景的特殊时刻，也就是在当我和她一起探索不断重复的某些行为时，理想化移情也得到了发展。例如，当我问罗伯塔，在繁忙的周末做一顿四道菜的大餐要花多少时间时，罗伯塔陷入了沉思。她意识到在做这些事时，不仅是因为她拿手，而且她希望会被妻子视为一个超级大管家和大厨师。然而精心烹制的饭菜却让罗伯塔始终得不到足够的赞赏，她感觉和莎伦越来越疏远，她们还更容易发生争吵。罗伯塔是一位多才多艺的厨师，她在法学院毕业后，曾在一所著名的烹饪学校学习。在她单身的时候，她可以有效地利用厨艺来博取关注和夸奖。但作为一个母亲，这些超级大餐并没有达到预期的效果。当我向她指出这一点时，她很感激，这也加强了理想化移情。还有些时候，为了成为超级妈妈，她既要做饭，又要安排许多她认为大家都会喜欢的晚间活动，但到这些活动结束时，自己又会筋疲力尽。当我对这些活动提出质疑，并帮助她意识到这些活动并没有让她感觉更好时，她也很感激。我们还探讨了与家人在一起，而不是为他们做事，才是最重要的。这个想法她以前并没有完全理解。不止一次，在这样的谈话之后，罗伯塔说："这很有帮助。"所有这些瞬间都包含了正在舒展开来的理想化自体客体移情。理想化移情展开得越多，羞耻感就越少，我们的谈话也就越少断断续续。

在心理治疗的前六个月，罗伯塔正在讨论假期计划，并提到这次假期与她以前的假期大不相同。我问她是什么意思，然后她告诉我她的一些冒险经历，她现在认为所有这些经历都很重要，也很令人兴奋，但她现在明白这些经历都是被多个因素影响的。这些充满冒险的假期体现了她出色的运动能力，跳下飞机的跳伞运动或者滑翔伞，对她来说极其重要，也是衡量她出色运动能力的标志。她曾参加过奥运会级别的体育赛事，但她也放弃了，因为她认为这可能太危险了。罗伯塔承认她现在不敢承担这些风险，冒险的快感曾是她逃离或解离的一种方式。然而在她的第二个孩子出生后，她认为这些活动太危险，便不再参加了。

她经常前脚刚在健身房锻炼完，或者刚结束在纽约中央公园的快跑，就来到了我们的心理治疗室。在治疗的前三个月，罗伯塔谈到自己的锻炼，有时也涉及跑步，我想告诉她我对跑步的兴趣，但似乎不是时候。事实上我自己也不愿意谈论跑步，因为我对自己的跑步感觉很好，我在想我是否要把我的良好感觉告诉她，而不是提供一种密友体验。

我自己的跑步计划通常是每周跑三次，周日跑一次长跑，一周内跑两次短程，通常是在上班前。我突然想到在公园里跑步时，我可能会遇到她。一天早上，我在中央公园跑步，罗伯塔要从我身边经过时，她突然站在我身边。我们意外地相遇了。我们对视了一眼，两人的脸上都带着微笑。我们聊了几分钟，然后她继续说，我们都有自己的锻炼计划。第二天，罗伯塔走进治疗室，说她不知道我也在跑步，她很想问问我的跑步和锻炼计划。于是，我可以谈论我们共同的兴趣了。对罗伯塔来说，这是她早年的爱好；而对我来说，这是一个给我带来极大满足和快乐的爱好。罗伯塔想知道关于我跑步的一切。我想，她问什么都行，因为如果她之前问过，而我的回答是“我不运动”，她可能会感到失望。然而，她看到我跑步了，她就不必冒这个险了。然而我也确信，如果治疗是在正确的轨道上进行着，那么即使答案是否定的，它也会是一个可容忍的失望。我告诉她我确实一直在跑步，每周跑三次，这是我主要的运动。然后我还告诉她，我参加了最近两次纽约的马拉松比赛，这引发了一场关于跑步、锻炼和健身的对话，一直持续到今天。

我们谈论跑步技术、策略、服装，以及所有关于跑步的话题，这都巩固和肯定了以我作为理想化父亲形象而展开的密友移情幻想。虽然她曾经是一名获奖运动员，但她父亲本人并没有兴趣跟她一起锻炼。因为他的女儿参加了高水平比赛，她的父亲只是为了个人的满足感而喜欢她的运动。体育运动变成了他的，而不是罗伯塔的，而她父亲没有兴趣和她一起享受运动。在过去的五年里，我参加了过去五场中的四场纽约马拉松比赛。在这期间，她一直关注着我在比赛中的进步。我们不仅谈到美好时光，也谈到受伤和失望。毫不羞耻地坦承自己的弱点，受伤后如何照顾好自己，接受随着年龄的增长花的时间越来越长……这些都是我们对话的重要部分。而且有那么两次，我们在中央公园停下来聊了几分钟，因为我们两个人周日都会去公园跑步。而且最近当我在病人中间散步时，罗伯塔碰巧也走在街上，她走近了我。她跟一位女性在一起，我认出她是一名精英跑步者。令我惊讶的是，她将我介绍为她的治疗师和跑步伙伴，所有这些都反映了前缘的稳固性，以及羞耻和脆弱的问题是如何修通的。

在最近的一次会谈中，当罗伯塔问我为什么跑步时，她还问我是否像她一样逃避感受，或者是否像她父亲一样，因为有冒险的倾向，在个人生活中一次又一次接近成功，最终却以事业失败而告终。她的父亲是一名医生，参与了一个又一个糟糕的商业交易。在与罗伯塔谈论跑步的过程中，我谈到了挑战极限和我对极限的觉知，同时我年纪大了，做不到三小时三十分钟跑完马拉松。但正如我告诉她的那样，我对在卡车来收容我之前完成比赛就感到满意。

完成比赛的乐趣，谈论与自己竞争，而不是与他人竞争的快乐和满足，给她提供了可以衡量的分寸感，既不期望太多，又对自己能完成的事情感到满意。在观察父亲行医的过程中，她看到他挥霍大笔金钱，同时，作为一个十几岁的孩子，她知道父亲很可能有外遇，而且极其性感。罗伯塔透露，她的母亲曾卷入长达二十年的婚外情。这是她父亲告诉她的，而她母亲从未与她谈论过。考虑到她的母亲不在她的生活中，罗伯塔并不感到惊讶。我明白当她或我发起关于体育运动的谈话时，我们对这些活动的共同兴趣是密友前缘的重要组成部分，并且关于体育运动的谈话具体化了我们对这些活动的共同兴趣和感受，这一切都会促使幸福感的增加和自体感的增强，这种体验是她父亲肆无忌惮的夸大和母亲缺席的解药。

我已经意识到在这个持续三年的治疗过程中，我们之间的主体间场从未被性别化过。我问自己，想知道我是否在否认或压制对她的性感觉。但我得出的结论是：这不是我们之间的一个积极或困难的问题。罗伯塔曾经是一个年轻的少女，没有什么冲突和困难，她越来越确信自己是一个女同性恋，因为她的父母和朋友们很快接受了。我将她体验为一个挣扎于成瘾的女人，尽管我确实关心她，但这些感觉与性无关。

在接受治疗的前两年，罗伯塔曾两次向我讲述过她与女性交往是想摆脱精疲力竭的感觉。一次是在出差时，另一次是与她女儿朋友的母亲。在这两种情况下，她都会参加心理治疗，并谈到了自己对正在发生的事情感到脆弱，以及我们的关系如何帮助她战胜自己的感受。有一次，在一个为期两周的商务旅行中，她谈到她感到孤独以及与莎伦和家人的疏远，她谈到她与莎伦和她的家人之间的孤独和距离。但正如我所建议的那样，我们的交谈为她的旅行做准备，在旅途中交谈帮助她感觉不再那么孤单，她与我这个理想化人物的融合足以帮助、支持到她。我们也了解到罗伯塔一直受膝伤的困扰，而这严重限制了她的肢体活动。体育运动通常是健康自尊的来源，无法进行体育运动导致了她的耗竭感。

罗伯塔告诉我，我建议我们谈谈，这意味着我对她很感兴趣，因为我理解（她对此有怀疑）离开她的妻子和家人去旅行容易让她感到孤独。她把我当作父亲，一种补偿性的自体客体体验。这个父亲关注她的幸福感，不像她自己的父亲那样狂妄自大只关心自己，或过度沉迷于她早期的运动能力。罗伯塔可以利用女性来抵消她经常感到的疲惫，但这当然只是一种防御手段，并不能带来健康的自尊。罗伯塔说，当她感觉更强大，甚至没有想到女性时，她创造了一个新词，即她正在建立“核心力量”——内在变得更强大，这让她对自己感觉更好。通过这种方式，我让她想起了她的体能教练。他是她运动队的一员，是她早期运动生涯中的伙伴。他在罗伯塔所在运动队里当了四五年的教练，教练把罗伯塔当作一个人来关心，她觉得自己被他看到了。我提出，早年与这位教练的关系是我们现在关系的前身，在这两种情况下，她都觉得我们关心她，并将她视为一个人，罗伯塔也同意了。“核心力量”这个概念也是我们在讨论她对自己的感觉有多好时反复使用的表达。

最近，莎伦和罗伯塔雇用了一位管家。罗伯塔注意到莎伦虽然感到不舒服，但还能接受。她明白这意味着什么，她很想和莎伦一起玩这个危险的游戏。在心理治疗的早期，我建议罗伯塔在她的脑海里和某人一起表演，她会有什么感觉，那会是什么样子，花心思去思考那些她在处理冲动需求时肯定要面对的困难时刻。

罗伯塔说使用这个想法时想起了我。当她想到如果她接受了雇用管家的想法，她会有什么感觉时，它失去了光彩，幻想也失去了力量。罗伯塔拒绝了，她告诉了莎伦自己的感受，她们解雇了管家。通过这种方式，罗伯塔在与我的理想化融合体验中获得了安慰，这是她移情体验的前缘。

在谈论这些时刻的过程中，罗伯塔再次揭示出她所渴望的不是性，而是一个女人对她感兴趣的感觉。在乎她的女人对罗伯塔很重要，为了能和这样的女人在一起，她几乎愿意做任何事。是的，罗伯塔说，这可以用性表达出来，但最重要的是她需要的是觉得自己很特别、很重要，而且总是在女人的心里。罗伯塔在那一刻展开自由联想，回忆起童年时去离家不远的加利福尼亚海滩，她当时和她的恋人一起坐在海滩上，罗伯塔相信她的恋人在乎她。然而就在那天下午，她发现自己还会盯着其他女孩看，她记得她问过自己，已经和自己在乎的人坐在一起了，为什么还会这样做？罗伯塔意识到，当时她还有更多不明白的东西。罗伯塔有时会同时和多个女人约会，但她不明白为什么，这让她感到自己出了什么可怕的问题。这些女人换来换去，这让罗伯塔害怕自己永远不会真正爱上谁。

有两个主要时刻发生了治疗分离，前缘后退。第一次发生在罗伯塔出差到西海岸。当她准备离开时，我们谈到了她想与女人“勾搭”的艰难时刻。同样的情况也发生在治疗的第六个月或第七个月之后。在这次特别的旅行中，她要去的城市离她的前女友很近，过去罗伯塔经常去看望她。我们直接谈到她是如何禁受不住诱惑与这个女人“勾搭”上的。虽然和她在一起感觉很真实，但这本质上是对她的幻想。我想我说得很清楚，即使我们在谈论这种情况，想给她打电话的诱惑也可能仍然很大。

罗伯塔最初告诉我，这次旅行很顺利，她并没很想给前女友打电话。几次心理治疗过去了，罗伯塔回来后的第二次会谈快结束时，她对我说她需要告诉我一些事情，我看着她，问她是否在离开时见过前女友。在治疗的过程中，我越来越开始感受到她断断续续的说话方式，这反映出她与我连接时的疏远和犹豫，我也理解这代表了她内心的羞耻感。我告诉她我很感谢她想告诉我，我还告诉她我开始感觉到她的疏远，就像在治疗最初的几个月那样。我们谈到了她告诉我见前女友时的羞耻感，以及她对别人评头论足的恐惧。然后罗伯塔袒露，她和这个女人有过短暂的婚姻，甚至连莎伦都不知道这段关系。当我们更多地谈论这次旅行中发生了什么时，罗伯塔认为我可能会问她在她下一次旅行之前谈论这些情况是否有帮助，或者我们是否应该谈论它们。罗伯塔说她需要我知道，尽管我们谈论过这种可能性，她还是这么做了，但对她来说重要的是我要和她保持警惕，和她一起预见那些难以把持住的情况。她还说在她出发前，她和莎伦的关系不太好，这可能会让她更加需要情感支持，也更疲惫，这一切都促使她去见前妻。罗伯塔袒露在与前妻共进晚餐时，见到她是一种幻想，与她发生性关系只会让她感到更疲惫、更没有价值。她缩短了晚上约会的时间，而且没有做爱。然而当她一开始要告诉我这件事的时候，她还是很羞愧，担心我会对她评头论足。在会谈结束时她告诉我，她知道继续见面而不谈论所发生的事情是毫无意义的。感觉上，我们不说发生的事情会让她失去更多，这就是为什么她终于要把发生的事情说出来。实际上，罗伯塔的所说所做换成主体间自体心理学的语言就是，她不想失去“我们”，我们已经成为足可以信任的伙伴，可以战胜她的恐惧。通过谈论她的担忧，罗伯塔想确保我能理解她的需求是多么强大，否则密友和理想化都将减少，自体客体移情将不再有效。

在第二次治疗分离中，罗伯塔告诉我她和莎伦之间的分歧，她感觉被莎伦误解，我从罗伯塔觉得难以消化的角度做出回应。罗伯塔描述了她和莎伦之间的分歧，分歧之一是莎伦觉得有必要见一个来访的朋友，尽管这对家人和罗伯塔来说是不方便的。罗伯塔认为莎伦见她的朋友是屈从于她取悦别人的需要，没有关注她的核心家庭和罗伯塔的需要。这是一个持续存在的问题，罗伯塔认为莎伦取悦他人的需要常常超过了家庭的需要。我觉得我想问罗伯塔一个问题，当我这样做的时候，我记得我变得非常积极。基本上是告诉她，总的来说，她需要接近莎伦，并了解她的观点。结束会谈时，罗伯塔觉得这和我们之前的做法不同，但她想考虑一下。

在接下来的会谈中，罗伯塔说在过去的几天里，她在许多场合对她的孩子们变得异常沮丧，她发现很难和莎伦沟通；她觉得有点不对劲，我们上次会谈有点不对劲。在上次会谈之后，我也想知道我是否对莎伦的担忧比对罗伯塔的担忧更加感同身受，但我不确定这对罗伯塔的影响。接着，罗伯塔问我是否还好，或者在上次会谈中有什么事情困扰着我。我向她解释说，上次见面结束时我也感觉不一样，会仔细想一想自己的心理状态。

后来我告诉她，那天我在想一些事情，不过与她无关。我告诉她我对“解决”罗伯塔婚姻问题的行动和兴趣超过了倾听和理解她所面临的困境，进而质疑她的感受，直接贴近她对自己和妻儿的喜怒无常。她笑着说：“我也是这么想的，听起来不像你。”

在那次会谈中，我采取了不同的策略。例如，告诉她应该怎么做才能解决与莎伦的问题，以至于罗伯塔认为我的生活中一定发生了什么事情。这引发了对我们之间关系重要性的讨论。罗伯塔说，虽然问我是否感觉还好有点冒险，但如果不问就更冒险了。她还说，她信任我和心理治疗，我不会对她的感受置之不理，任其一发不可收拾，而是同她进行一场合情合理的、大学生式的谈话。我相信所有这些都表明，罗伯塔相信我们能够找到回归治疗前缘的方法，无论是指引我们一起工作的理想化，还是密友体验。

现在罗伯塔的心理治疗已进行到了第三年。我并不想给人留下一种我们循规蹈矩地按照以前的方式工作的印象。最近出现了一个新挑战，罗伯塔和我承认这将挑战、考验我们的关系储备以及她与莎伦的关系储备。莎伦最近被诊断出患有一种衰弱性疾病，目前尚不清楚其预后。我确信两年多的心理治疗已经为我们今后进一步的合作奠定了基础。最初，罗伯塔对需要治疗关系感到羞耻，而现在罗伯塔自己有时会想起这种连接的力量，以及它是如何帮助她度过婚姻中的危机，帮助她努力寻找有意义的工作。我希望能够继续帮助她解决这些问题，发展出度过生命中预期风暴所必需的“核心力量”，包括应对莎伦的疾病，让她自己、莎伦和她们的家人都能得到所需的“核心力量”。从本文的观点来看，前缘涉及与理想化父亲形象融合的演变，进而引发密友体验，罗伯塔觉得自己值得拥有作为人——一个普通人——所伴随的脆弱。作为一名运动员，罗伯塔一直追求的是加强她的“核心力量”。在治疗中，她对自己的“核心力量”有了全新的定义，她知道她需要什么，以及如何在逆境中保持韧性和坚强。

注释

1. 感谢彼得·齐默尔曼的友谊和学院的支持。我们就是通过良师益友的关系在行动中产生建设性前缘的一个例子。具体来说，他的体贴周到一直是我进一步发展这些想法，并把它们应用于成瘾领域的催化剂。我们的关系一直支持着我成为一个更好的人，成为一个更好的临床医生。
2. 多年以来，我和我的同事彼得·齐默尔曼一直在讨论成瘾者最初的自体客体移情。他认为治疗师必须具有超人的能力才能把成瘾者吸引到自体客体移情中来。我也认为，作为对非人类的事物和活动成瘾的再现，移情的某些方面最初必然是非人力所能及的。
3. 出于保护病人的考虑，病人的姓名、身份和其所从事的国家级运动等信息都已被修改或删除。

第十章

儿童治疗

与前缘和后缘一起工作

凯伦·罗泽

* * *

主体间自体心理学儿童治疗不同于对成年病人的个体治疗。当我们谈到成人工作中的后缘恐惧时，我们指的是在应对童年的挑战时发展起来的自体结构，它们在与治疗师的移情过程中被重新激活。当我们谈论成人工作中的后缘恐惧时，童年时期的遗弃、创伤、父母养育的缺点/无回应，直接导致了这些后缘结构的形成。同样，在成人的移情中，前缘希望的萌芽来自最初父母/孩子系统中的优势：孩子天生的心理韧性和父母为孩子提供必需的自体客体体验的方式。在与治疗师的自体客体移情中，它们被重新点燃，成了希望。

但是在儿童治疗的情况下，自体结构仍处在形成过程中：根据定义，孩子仍然纠缠于家庭的主体间场里。作为儿童治疗师，我们需要了解，在当下，孩子和父母的前缘与后缘体验，以及两种体验是如何发生或相互影响的。这些相互影响创造了复杂的主体间系统——家庭。我们也需要了解，每个人的希望和恐惧都与我们在家庭中的存在有关，因为它们在这个特定的家庭中被重新激活了。

在我们观察接受心理治疗的孩子之前，让我们先看看发育中的孩子。我们已经有了清晰的自体心理学发展观，即发育中的孩子有新生的自体客体需求。如果父母的回应始终如一地为孩子提供着需要的或渴望的自体客体体验，孩子的发展就会从古老走向成熟，并且会产生健康的自体感和对自体体验的巩固（可参见科胡特的著作，1977，第 4 章）。这种观点中隐含着这样一种想法，即孩子的发展不能脱离与父母的联系。史托罗楼（Stolorow）等人（1987）在他们的主体间理论中明确指出了这一点。他们认为，如果脱离了孩子所成长的主体间自体客体环境，就无法理解儿童。孩子是主体间场的一部分，孩子的优点和缺点源自前缘的希望和后缘的恐惧，它们是在主体间场之中发展出来的。只有通过孩子所体验到的感受去了解孩子和父母之间的关系，才能对其有充分的理解。

主体间自体心理学对这种发展概念的补充是，意识到父母和孩子的自体客体需求不仅要考虑孩子的需求，也要考虑父母的需求。父母的前缘希望和后缘恐惧与发育中的孩子是相互影响的。孩子如何感受父母的接纳，以及他或她的希望和恐惧如何得到滋养，是等式的一边；而父母如何感受孩子的回应、孩子的滋养，则是等式的另一边。父母的体验会影响他们与孩子的互动方式，进而影响孩子如何感受回应，反过来影响孩子与父母的互动方式，形成一个相互影响的循环。

最后，这里隐含着一种理解，即孩子也为等式带来了一些东西。他或她不仅仅是一个需求的白板，父母提供必需的自体客体体验在孩子身上能创造一种自体感。孩子来到这个世界上，有一定的优点和弱点，有认知和生理上的特点，也有气质性情上的倾向性。这些都会影响整个系统：既包括孩子对父母的体验，也包括父母认为自己能够养育好孩子的体验。

因此，这是一条双向通道。具有独特的神经和气质构成的孩子在父母提供的环境中发育成长，他们有自己独特的优点和缺点、自体客体的需求、渴望和恐惧。套用温尼科特的话，不仅没有婴儿（只能是婴儿和父母联系在一起）这种东西，而且也没有孤立的父母这种东西。

理解这一点的另一种方式是观察不同理论家不同的婴儿概念。米歇尔（Mitchell，1988）创造了“弗洛伊德婴儿”和“关系婴儿”这两个术语，强调了不同婴儿理论之间的差异。“弗洛伊德婴儿”专注于本能驱动，而主要影响“关系婴儿”的是早期的客体体验。泰丘兹（Teicholz，2001）更新了这一观点，用理论家的名字将关系婴儿进一步分为科胡特（Kohutian）婴儿和本杰明（Benjamin）婴儿、阿伦（Aron）婴儿和米歇尔（Mitchell）婴儿等等。米歇尔和泰丘兹都非常重视儿童在发育中的早期关系。对于科胡特来说，父母应该保持警惕以尽量减少主观性的影响；父母有一个明确的重点，就是满足孩子的自体客体需求（Teicholz，2002，第 14 页）。对于其他重视关系的学者来说，重点是真实性，允许父母的主观性参与到孩子的养育中来。如果有问题，那是基于两个（或三个，或更多）主体之间在家庭里的相互作用。泰丘兹看到了不同概念的价值，想知道是否有一种方法可以弥合这些理论之间的差距。主体间自体心理学则为此提供了方法。这里有一个理论，讲述了由孩子引发的父母的希望和恐惧、孩子的自体客体需求，以及这些需求是如何被回应的。

为了阐明刚才讨论的观点，这里有一个日常生活中的例子：我在健身房洗澡时，听到一位母亲和她 20 个月大的女儿的对话。当母亲试图冲洗女儿的头发时，女儿大声抱怨，几乎是尖叫。妈妈说，怎么了，你为什么要这样，你在家里也是这样洗头发的好不好？这位母亲的交流传达出她敏锐地意识到我在这个空间中的沉默存在，也因此共同决定了母女之间的互动。女儿没有被我的出现打扰，继续尖叫和哭泣，没有失控，只是大声抗议。最后，妈妈放弃了，说，好吧，等一下，我把自己洗干净，我们就出去。只要母亲专注于自己，女儿就会停止哭泣，十秒钟之内就会问母亲在做什么，说她想自己做。她妈妈说，让我冲洗完，我们就出去。孩子的声音提高了，她喊道："我做到了！" 妈妈说好，你把头发冲洗干净，我来帮你。她们高兴地洗完女孩的头发，就离开了。

这里发生了什么？根据我们所掌握的有限信息，有许多不同的方式来理解这种交互作用。马勒等人（Mahler，1975）可能会说，母亲的焦虑（因我的存在而引发的）影响了女儿的自我调节能力，使她变得更加苛刻和富有挑战性。从这个角度来看，母亲的情感世界对这个场的影响最大。在主体间自体心理学的语言里，这一概念强调的正是母亲的后缘焦虑。丹尼尔·斯特恩（Daniel Stern，1985）可能会着眼于女儿发展能力的方式，及其在精神上和身体上对母亲行为的影响。我们可以从自体心理学的角度来看待这种互动。母亲希望抚慰和照顾她的女儿，即成为理想化的母亲形象。女儿的拒绝导致了母亲的失衡，以及她作为母亲的无能感。她退缩了。另一方面，从对女儿有利的位置来看，也许她正在寻找一面能反映她自身发展能力的镜子。而母亲则试图抚慰自己的失落，刺伤了女儿的夸大自体。或者孩子渴望密友的体验，一种与母亲并肩一起做事情的体验。一旦母亲放弃尝试扭转局面，即女儿的理想化、夸大和/或密友需求就会出现，而且母亲有胜任感，也许完成任务就是可以被理想化的。在不同的语言中，母亲的前缘希望被激活，孩子的前缘希望得到了加强。我的观点是在这个场景中，母女两人非常活跃的主观因素在相互影响。母亲影响了女儿的自体感，反过来这又影响到母亲的自体感。最终，这是一次成功的互动。母女俩都足够灵活地接纳了对方，都是带着相当积极的自体感离开的。

在这个例子中，我的角色是看不见的观察者。尽管看不见，但我的存在确实影响了这个场，因为母亲清楚地意识到了我并感到不自在。但我并没有积极地参与其中。我的主体性在认知上参与形成理解，在情感上对她们出现在我的空间做出反应。假如我们同处一个空间，我会更多地参与到这个场，影响到母亲获得前缘，以及女儿获得自体发展的能力。而且，根据她们对我的反应，我觉得自己很有能力的感觉或多或少会被激活。这就是儿童治疗中发生的情况。

对于传统自体心理学家来说，儿童治疗的重点是与儿童的自体客体需求共情，目标是帮助儿童获得更强、更有弹性的自体感。许多自体心理学家写过关于儿童自体心理治疗的文章。在自体心理学应用在儿童治疗的探索中，莫顿·谢恩（Morton Shane，1996）说，自体心理学家不仅着眼于内在冲突在移情中的出现，而且也不会“忽视此时此地父母对孩子的力量和持续的影响”。玛丽安·朵缤（Marian Tolpin，2002）从前缘体验出发讨论了儿童精神分析。在她的描述中，治疗师的体验不仅和父母一样，而且有可能产生一种新的且更有响应性的自体客体体验。在这种体验中，孩子可以恢复发展。玛丽安也谈到了分析师的后缘和前缘体验。朱尔斯·米勒（Jules Miller，1996）补充了如何处理幻想，特别是在游戏模式中如何从自体心理学的角度对待儿童。安娜·奥恩斯坦（Anna Ornstein，1984）则谈到了游戏在家庭治疗中的应用。

主体间自体心理学视角下的儿童治疗不仅关注儿童，也关注其发展中的自体和自体客体需求，而且还包括父母对孩子自体客体需求的关注。与系统理论类似，我们也观察家庭成员之间的动力。然而从主体间自体心理学的角度来看，关注的焦点是自体客体需求，以及它们是如何被满足、接纳，或被挫败、或被允许蓬勃发展的。儿童的弱点和优点是源于这个复杂的主观间场的，不能被孤立地理解；同样，父母的优点和缺点也只有在这个场内才能被理解。例如，父母对孩子的极度焦虑可以理解为主要源于父母自身尚未被满足的理想化需求，或者，源于他们非常真实地理解孩子不稳定的自体组织状态。

在心理治疗的背景下，父母和孩子都会带着他们的希望和恐惧去见治疗师。在初始评估阶段，治疗师就开始努力理解这些希望和恐惧，目的是确定如何最好地满足家庭需求。在某些情况下，治疗师的存在有助于减轻父母的恐惧，他们的希望会出现在前台，而其他需求就可以退居二线。然后，治疗师就能够专注于孩子的自体客体渴望。而在另外一些情况下，父母的自体客体需求则会更大程度地体现出来。最后，治疗师定义自己面前家庭需求的方式，以及如何与相关个人发展关系的方式，而这也取决于治疗师自己的希望和恐惧。随着心理治疗的进展，治疗师会持续关注所有家庭成员，了解他们是如何组织自己的体验的。

亚历克斯和两个父亲

亚历克斯（Alex）8 岁了，他和他的双亲来到我的治疗室时，已经穷途末路了。与他的姐姐不同，亚历克斯非常难相处。他每晚发脾气通常会持续一个小时，而且都是由一些鸡毛蒜皮的小事引起的：如果你要求他收拾衣服，他可能会尖叫、跺地板，还会损坏东西。有时他很暴力，需要他的父亲才能控制住他。讲道理或回到自己的房间冷静下来，亚历克斯都完全做不到，家人只能事事顺着他。事后，他会对自己造成的伤害感到懊悔和抱歉，但他认为这都是父母或姐姐的错。

他的父母想让我和他沟通，好让他停止这些非理性的爆发。因为这种行为仅限于家里，所以他们认为只要亚历克斯愿意，他是可以控制的。

在最初的评估中，这个家庭显然有非常明显的优势。他的两个父亲都是可爱的、能担好父亲责任的、经验丰富的家长。他们在一起相处得很好，对他们收养的两个孩子有着深厚的爱和承诺。他们的希望显而易见，正在寻找一位理想的专业人士来帮助他们的儿子。他们正在寻找关于他们儿子的答案和信息，有关儿子的问题已经困扰了他们好久。此外，他们也在寻找对他们自己的认可。他俩都把自己作为父亲的角色置于自体组织的中心，亚历克斯在挑战他们对自己是足够好的父亲的看法。这造成了家庭系统的脆弱性，加剧了家庭系统的困境。他们还有着后缘恐惧，即担心自己不是一个好父亲，会因为无法控制儿子的情绪而被人指责。为了能够改变，也为了满足亚历克斯的需求，他们需要被我视为足够好的父母。

从一开始，亚历克斯就获得了很多滋养，在很多方面都发展得很好。他求知欲强，善于社交，而且敏感，是一个优秀的学生和朋友。然而，与学校表现相比，他在家里的生活相对缺乏条理，尤其是缺乏可预测的日常安排，这让他陷入困境。虽然他的姐姐对父母宽松的风格反应良好，但当亚历克斯被要求做诸如布置餐桌或洗澡之类的事情时，他感到很不自在。他觉得这个要求对他来说太出乎意料了。他会有很大的反应，与父母认为的“正常”大相径庭。这在两位父亲心里引起了很大的反响，他们会指责他不理智、控制欲强。形势发展到亚历克斯完全失去控制，而他的父亲也感到愤怒和沮丧。他们三个人都渴望并愿意与我合作，希望事情能有所改变。

在这幅主体间图景中，我的位置在哪里？我并不难做到与亚历克斯共情，我有信心能够进入他的世界。我的密友需求是由他的父母触发的。我的儿子比亚历克斯大几岁，他也有特殊需求，也向我提出了类似的挑战。在失控感时断时续的情况下，我渴望一种亲近感，渴望成为尽心尽责的父母。虽然我希望这能传达我对他们不加评判的立场，但我也努力把密友需求隐藏到后台背景之中。我意识到我想告诉他们，我曾经体验的渴望并不是他们主要的自体客体渴望。我知道在他们对理想化的渴望中，我有失去他们的危险。他们需要我做到专业、知识渊博、不加评判——而不是困在同一条船上！他们从来没有问过我任何关于我自己的事情，甚至没有问过我是否为人父母。然而，即使是在倾听和共情的过程中，我的需求也得到了满足。当我共情他们的痛苦时，我感受到了自己的人性。我给他们我曾经需要的理解和共情。看着他们作为父母开始变得坚强，这样的体验对我来说也是一种疗愈和力量。虽然我从来没有直接说出来，但类似的体验的确增强了我与他们的共情纽带。

经过短暂的评估阶段，我开始与两位父亲一起工作。最初的几个月，我与他们在两条轨道上一起工作。一是回应两位父亲的需求，确认亚历克斯非常难相处。因为亚历克斯在外面表现得很好，两位父亲从老师和朋友那里得到的都是称赞。然而没有人看到他们每晚所看到和经历的一切：亚历克斯对再普通不过的要求却有强烈的愤怒反应。他们不得不独自面对他大发脾气的时刻。他们认为自己是合格父母的感觉崩溃了，因为如果亚历克斯如此出色，那么他们就一定是非常糟糕的父母。

亚历克斯的心理结构比其他孩子更脆弱。这样的描述能够验证，并为他们的现实提供一个结构。这种脆弱性造成了更多的脆弱性，尤其是在家庭。因为家庭比学校更不可预测、更松散。

理解了这一点，他们就会在我描述的基础上寻找答案，并稍微减少一些他们的脆弱性。亚历克斯的父亲意识到我并没有责怪他们，他们得到了足够的力量，从而能够看清他们对亚历克斯所做的事情到底出了什么问题。

在我与父母打交道的早期，另一个途径是帮助他们理解亚历克斯的情感需求。鉴于他已被收养，这部分工作始于探索亚历克斯的挣扎对他们父母的意义。他们是否会把亚历克斯当作外人？

他们确实为亚历克斯的与众不同而挣扎。然而，在他们的原生家庭中，他们也被认为是非常不同的。在缺乏理解或同情心的原生家庭里做同性恋，这给他们自己留下了创伤。因此对他们来说，这是他们与儿子的连接点。作为父母，他们更加努力。

他们的挣扎更多地集中在不理解亚历克斯所需要的是与两位父亲不同的东西，而不是自然的东西。既然他们所做的对自己来说是有意义的，而且对他们的大女儿也是有用的，他们就无法理解为什么亚历克斯没有以同样的方式进行回应。考虑到他们潜在的弱点，并且意识到我在问他们一些非常困难的问题时，我要求他们把家庭应该如何组成的想法和以前的做法放到一边，以亚历克斯为中心重新组织他们的家庭。为了帮助亚历克斯，他们不得不改变整个家庭的结构和日常生活。但他们逐渐明白，是亚历克斯的神经系统造成了他的困难。他们在我的建议下进行了一次精神科会诊，但当时的决定是不用药。然而这种理解，帮助他们以不同的方式接近亚历克斯。例如，我们一起制定了一个非常详细的每晚家务时间表。这样的结构帮助亚历克斯感受到了一定程度的可控感，而且他得到了与姐姐一样的待遇。我还与这家人一起研究他们如何表达他们的要求，以及他们对亚历克斯的期望。随着亚历克斯对具体需求的逐渐改变和适应，家庭系统变成了一个更加共情的自体客体环境，这使得亚历克斯和他父亲的前缘渴望开始展开。亚历克斯想成为一个好儿子，他会感受到父亲的爱和欣赏，反过来，他的两位父亲也希望能感受到对儿子的爱和自豪。

渐渐地，家里的情况有所缓和，父母从失败的感觉中感到些许宽慰。但他们仍然感觉压力很大：虽然亚历克斯发脾气的频率和强度有所减少，但它们仍然发生。面对亚历克斯的愤怒，他们仍然很难保持冷静或无动于衷。我决定单独见一下亚历克斯，这是我从最初评估以来没有做过的事情。我觉得我需要解决亚历克斯的弱点，试着让他有更多的弹性，这样，他就不会因为家里相对缺乏条理而感到难以忍受。我希望这能减轻父亲们的压力，让他们在不可避免的挫折发生时能够更冷静地回应亚历克斯。我也觉得对父母的治疗是在助长他们的后缘恐惧，他们害怕自己被视为问题所在。在准备过程中，我告诉亚历克斯的父母，我会努力培养他的自尊，加强他的自体感。这会让亚历克斯能更好地容忍家庭生活中必要的不规律和不一致。然而在专注于这一点时，我就不会专注于试图改变他的行为，除非亚历克斯自己提出并想要改变。用主体间自体心理学的术语来说，我将与他一起对前缘希望展开工作，而不针对他的后缘，至少一开始是这样的。他们同意了这一点。我继续每月见他们，并开始每周见亚历克斯。

治疗开始时，亚历克斯焦虑不安，渴望与人分享他的世界。建立联系很容易，因为亚历克斯很快就把我视为盟友。他玩玩具，我协助，也加入。我理解，他需要用我来提供自体客体功能。在那个时候，我是在镜映他那相当古老和脆弱的夸大自体。并通过绘画、讲故事和戏剧表演来扩展他已经展开的主题。主题主要围绕战争、战斗、戏剧性的营救和英勇行为。亚历克斯拓展、填补空间，非常活跃，沉浸在“他自己的房间”之中。除了关注镜映自体客体体验之外，我非常清楚边界和期望，并为亚历克斯提供了一个理想的、高度结构化且一致的安全空间。这是专门针对亚历克斯脆弱的神经系统的。我想帮助他觉得自己强大、有能力，尽量减少外界施加给他的苛刻和侵扰的体验。亚历克斯大部分时间都待在这个有边界的空间里。有一段时间他试探我，开玩笑地威胁我要弄坏一些玩具，但这在游戏中很容易就解决了。在我给他的边界中，亚历克斯看到了空间和想象中的无限自由，以及他与我的关系。所有这一切都表明治疗是沿着经典自体心理学的发展线进行的。

我所面临的挑战也是主体间自体心理学派得上用场之处：我如何既保持对亚历克斯的共情，同时也能在我的意识中包容他父亲们的焦虑和担忧。我可以在亚历克斯身上看到他父亲所培养和欣赏的优势。当他表现出对父亲和姐姐的沮丧和愤怒时，我也能感同身受。亚历克斯看到它们被触发了，但不知道自己是做了什么才引起这种反应。

在他的世界里，他的愤怒是有道理的。但是我很清楚故事的另一面，以及亚历克斯给冲突带来了什么：歇斯底里和情绪爆发，淹没了全家的情绪场。我可以看出他是如何在意识到自己情感上的责任时为自己辩护的，也能看出他需要镜映纽带的力量才能看清自己的行为。我可以从他的紧张和对游戏的渴望中看出冲突对亚历克斯的自体感造成的伤害。

在他自信的外表下，他对自己在家里造成的破坏感到非常难过。我的两难困境在于，我必须真正地、真诚地共情这个等式的两边：父母和孩子。这意味着既要倾听关于亚历克斯暴怒的、真正可怕的故事，又要给他父母以希望和耐心；与此同时，要一直保持着亚历克斯赖以生存的、安全而不被苛求的空间。

我希望亚历克斯的夸大能变得不那么脆弱，让他能够更宽容地对待别人，尤其是他的父母。另一方面，父母会因为我冷静的理解而感到更加有力量。这样，他们对亚历克斯的反应就会更加中立，少一些情绪化的反应。在心理治疗开始时，这主要是理论上的希望。虽然我可以看到这个家庭系统的优势，但是我也可以看到深刻的弱点。我担心的是我不足以帮助这个家庭。这个家庭系统需要更多：要么给亚历克斯服药，要么把亚历克斯安置在家外。这些恐惧对我来说很强烈，这是一个更大的后缘体验的一部分，其核心是我的能力不足感。在听到一场特别激烈的争吵后，我会发现自己的内心有些动摇。我当时坚持的是理论，它使我能够从充满希望的地方与他父母进行交谈。渐渐地，无论是对我自己还是对他父母，我都可以指出真正的成功：父母控制自己脾气的能力，以及亚历克斯恢复得更快的能力。

随着希望和恐惧的漩涡在治疗室里盘旋，以及强烈的镜映自体客体移情，亚历克斯开始改变了。起初，变化只是明显地表现在他与我的关系之中。他变得更加灵活，让我在治疗室中发挥更积极的作用。尽管我仍然需要镜映他夸大自体的幻想，但他能够容忍我的一些驳回，比如，我在游戏中战胜他，或给他提建议。因为他心理上的脆弱，我需要创造一个安全的、边界分明的空间。随着他开始变得更有力量，我慢慢地改变了我的立场。我需要让亚历克斯长时间体验治疗室内的可预测性和安全感，而不是让他承受我的主观臆断，以及由此带来的不确定性。在这些条件下，他开始放松警惕。亚历克斯在游戏中表现得更具互动性，我觉得自己更像是一个平等的参与者。他开始表达了：一开始主要是在口头上表达他对家人的失望，这种失望以前只在他的游戏里出现过。最后，经过多年的游戏，总是在说这是别人的错之后，他开始认为自己在控制脾气方面是有问题的。我的回应是问他为什么这么想，并和他一起寻求更好地了解自己。我让他明白，这对他和他的父母来说有多困难。我试着把他们都人性化。一起努力了解是什么触发了亚历克斯的脾气。我也开始在治疗室里更多地表达真实的情感。当他战胜我的时候，我会表现出我的沮丧、表现出对他打败我的愤怒；当我表现不好时，我会表现出对自己的愤怒。气氛变得很好玩、很活泼，亚历克斯似乎很喜欢。治疗室里多了一种密友的感觉。

随着这种新出现的自我反省，亚历克斯更加意识到他父亲对自我控制所付出的努力。从最初的诋毁，亚历克斯逐渐意识到他们之间的相似之处。在与父亲的关系中，密友的感觉也变得更有可能。

最终，在家里，亚历克斯开始表现出更多的灵活性。起初是不知不觉的，但逐渐发展到显著的进步，他能接受父母对他的请求和要求了。发脾气减少到一周一次，然后是一个月一次，尽管亚历克斯还会发脾气。发脾气的强度也减弱了，相应地，情绪爆发越来越多地变成了语言上的，而不是身体上的。亚历克斯的父母也开始逐渐地，却也是显著地改变了他们对亚历克斯的回应。在我的帮助和支持下，他的父母会想方设法让亚历克斯走开。父母中的一方会让对方介入，我们讨论了他们可以互相替换的方法。我持续不断地在问他们以下问题：做什么会有效？当亚历克斯失控时，这么做会起作用吗？或者当你不在场时，效果会更好吗？他们防御的需要逐渐变得不那么明显，因为我能共情他们，明白做到这些对他们来说是多么具有挑战性。作为我们工作的成果，亚历克斯开始对他父亲的弱点表现出更多的接受，而父亲也变得更能容忍亚历克斯和他们自己在控制情绪方面的失误。父母和亚历克斯之间的主体间场变得更加共情，所有参与其中的人都从中受益。

总而言之，从主体间自体心理学的角度来看，儿童治疗涉及理解主体间场的所有参与者，既包括儿童，也包括父母。从这个角度来看，理解父母的自体客体需求与处理孩子的自体客体需求是同样重要的。虽然不可能，也没有必要像我在亚历克斯案例中那样深入地与每一位父母一起工作，但是这种模式创造了一个空间来考虑亲子双方，并能够共情地回应所有家庭成员的需求。

第十一章

主体间自体心理学的夫妻治疗

南希·希克斯和路易莎·利文斯顿

* * *

尽管实际上主体间自体心理学（ISP）的所有原则都适用于夫妻治疗，但我们认为强调其中三个很重要。第一个是自体客体的概念。史托罗楼（Stolorow，1987）写道："自体客体一词指的是一个客体的体验维度，为了维持、恢复或巩固自体体验的组织，需要一种特定的纽带。"（第16—17页）在夫妻关系中，很多人都在寻找能够可靠地满足他们亲密、支持和理解需求的伴侣。自体客体体验的有无对伴侣之间的连接感，以及彼此的幸福感，有着不可估量的影响。因此，相互提供自体客体体验的能力支持或破坏着一对夫妇持续的关系体验和每个人的个人经验。正如莱昂内（Leone，2018）所写的那样，"与精神分析的其他分支相比，夫妻治疗认为人们在终生寻求肯定的、充满活力的、坚定支持的、给人安慰的、抚慰心灵的、促进成长的关系体验，……这给夫妻治疗师提供了一个关于健康关系的更清晰的愿景或描述"（第391–

392 页）。利用自体客体的概念，治疗师可以展示、讨论并帮助人们学习如何成为更好的伴侣。

第二个概念是主体间视角。主体间性是指两个或更多人的“组织不同的主观世界之间的相互作用”（Stolorow & Atwood, 1992，第 2 页）。在我们看来，解决伴侣之间出现的问题的最有效方法是帮助他们了解自己的行为是如何在互动中创造出来的，以及各自独特的人是如何在关系中显现并相互影响的，而且其中大部分的互动是无意识的。在主体间场的背景下，伴侣双方过去的体验和现在的行为汇聚在一起。这通常表现为表面的紧张，这种紧张因伴侣间未被意识到的冲突而凸显。未被意识到的冲突可能存在于伴侣的希望和恐惧之间，存在于他们对他人的典型假设之间，以及他们寻求人际连接和保护自己不受伤害的特殊模式之间。这些通常无意识的组织原则之间的相互作用会阻碍夫妻为彼此提供有效的自体客体体验。结果是分析师会经常观察到有问题的后缘过程，如攻击性增强、疏远、贬低对方和其他形式的僵局。主体间自体心理学治疗师的作用是帮助伴侣确定他或她的内在模式和假设，或是组织原则，并且看到它们之间是如何相互影响的。

第三个概念包括了前两个概念，是识别、澄清和跟踪夫妻双方的前缘（构成他们更有希望的自体客体体验）与后缘之间的相应变化。简单地说，前缘移情指的是一种关系情境，即一个人将他人视为可靠的自体客体，从而产生一种希望的信任感。而后缘移情是指过去痛苦的情绪环境所产生的恐惧被当下发生的事情所引发，从而导致一个人感到恐惧和不信任。在夫妻治疗中，后缘特征往往在治疗早期占据主导地位，通常以夫妻二人之间的激烈冲突和 / 或退缩的形式出现。伴侣的后缘通常包括对治疗师的担忧，以及他或她对另一方的疑虑。

在个体治疗中，治疗师可能会花费大量时间试图掌握病人独特的主体性，以及它如何与治疗师的主体性相互作用。而在夫妻治疗中，追踪参与者主体间相互作用的复杂性增加了。最值得注意的是，房间里有三个人而不是两个人。因此，主体间场可能包括伴侣之间的关系、治疗师与伴侣每一方之间的关系，以及治疗师和复杂的夫妻关系模式之间的关系。特罗普（Trop）写道，

> 夫妻治疗师的重点应该是，在治疗中同时出现的多个主体间场。夫妻治疗师探索的领域是，伴侣双方主观世界之间的相互作用，以及治疗师出现在与每一个合作伙伴的主体间互动中的意义。
>
> （1997，第 101 页）

在夫妻治疗的最初阶段和整个治疗过程中，治疗师自己的后缘恐惧可能会被唤醒，干扰他或她为这对夫妇提供自体客体体验的能力。三个常见的例子是："这对夫妇的治疗，我会失败吗？""我想摆脱所有这些愤怒！""我真的觉得我无法理解她或他！"随着治疗的进展，各种移情在前缘和后缘之间摇摆，夫妻双方和治疗师独特的希望和恐惧会越来越多地出现。如果一切顺利，随着治疗师和夫妻，以及夫妻之间能够更好地为彼此提供自体客体体验，前缘就会越来越多地占据夫妻治疗的前台。

随着时间的推移，持续不断地识别和分析后缘之间的交互影响让夫妻双方提高了意识、扩展了能力，以便双方回避他或她内隐的模式和假设，从而以更积极的互动方式为对方提供自体客体

经验。主体间自体心理学夫妻治疗师的最终作用是帮助夫妻双方理解这种模式，在它发生时识别它，并发展出更好的方式为彼此提供自体客体体验。

虽然主体间自体心理学夫妻治疗可能看起来与其他形式的夫妻治疗相似，但还是有一些重要区别的。在主体间自体心理学夫妻治疗中，治疗师不太可能布置家庭作业、进行角色扮演，或按照一定的程序进行：例如苏·约翰逊（Sue Johnson）的情绪取向夫妻治疗（2004）、哈维尔·亨德里克斯（Harville Hendrix）的意象关系疗法（2005），或者约翰·高特曼（John Gottman）的高特曼夫妻治疗法（1999）。主体间自体心理学是一种精神分析方法，尽管它是从自体心理学和主体间理论的视角进行的。这通常意味着更积极的干预，而在此之前，是内省、观察自己和他人，以及互相寻找情感意义的实践。这种类型的夫妻治疗更多地关注理解和重新设计两个人之间互动的过程，而不是推荐旨在改变行为的行为。这并不是说在主体间自体心理学夫妻治疗中从不推荐这样的活动，而是更多地取决于治疗师去持续理解这对夫妻可能需要什么才能继续进步。因此重点是：治疗师共情性理解这对夫妻和他们的需求，通过他们与治疗师的关系，为夫妻提供自体客体体验的机会，让这对夫妻最终学会更有效地为彼此提供自体客体体验。

为响应科胡特的著作，二十世纪八十年代和九十年代的先驱将自体心理学扩展到了夫妻治疗等领域。马里昂·所罗门（Marion Solomon，1988）探讨了未被满足的自体客体需求在关系冲突中的作用。她的夫妻治疗工作强调，在治疗师和夫妻之间，以及夫妻双方之间培养共情。因此，马里昂努力创造一种非评判性的治疗环境，在这种环境中，夫妻双方可以学会为彼此提供自体客体体验。大约在同一时间，菲利普·林斯特罗姆（Philip Ringstrom，1994）将主体间理论应用于自体心理学夫妻治疗，并提出了婚姻联合治疗的六步模型，认为“夫妻的任何一方，对现实的理解都不会比另一方更正确”（第159页）。运用共情性调谐将对伴侣的抱怨与早期想要而未被满足的自体客体渴望联系起来，林斯特罗姆明确探索了夫妻双方体验世界的独特方式，及其如何影响并塑造了对方体验世界的方式。大卫·沙道克（David Shaddock，1998）以类似的方式，利用共情来破译夫妻冲突的象征意义。他通过持续探究的过程理解夫妻双方的情感世界，发现了隐藏的、未被满足的自体客体渴望，这些渴望经常是他们痛苦关系的根源。随着主体间理论对自体心理学的影响越来越大，马丁·利文斯顿（Martin Livingston，2007）发展出了一种“持续共情聚焦”的方法，帮助夫妻双方慢下来、深入感受并理解他们自己的后缘恐惧。随着时间的推移，当夫妻双方变得更能表达自己，更能共情地理解彼此之时，夫妻双方的“二元能力”（第316页）就得到了增强。卡拉·莱昂内（Carla Leone，2008）发现，“大多数或所有夫妻出现问题的根源都是缺乏必要的自体客体体验”（第80页）。她试图通过示范如何有效回应自体客体需求来提高夫妻双方的关系技能。在卡拉的著作中，她明确指出，在治疗工作中任何前缘或“促进成长”的行为都非常重要（第87页）。

在接下来的案例中，我们每个人都详细介绍了如何从主体间自体心理学的角度推进夫妻治疗。虽然每个心理治疗师都受到主体间自体心理学的指导，但每个人都有自己的工作风格，每位治疗师独特的主观性持续塑造着治疗互动。这种治疗互动关系的性质相应地受到夫妻双方的主观性和他们之间特殊的关系动力的影响。

南希·希克斯的夫妻治疗案例

简介

泰（Ty）和安妮（Annie）的案例强调了在主体间自体心理学框架内夫妻治疗的两项重要活动。第一项涉及解决夫妻双方带来的关系模式和期望之间复杂的相互作用。作为父母，泰和安妮最初因合作困难而寻求帮助。他们随后明白，他们在养育子女方面的问题反映了一个更根本的问题：持续的僵局，双方的自体客体需求一再受挫。每一方都希望被对方听到，让自己的重要价值得到对方的认可。这些渴望在伴侣之间呈现出的不同表现反映出他们各自的自体轮廓。泰寻求在不被批评的情况下被完全看到和接纳，这更符合镜映自体客体体验。而安妮渴望把自己的需求告诉泰，这样她就可以体验到泰对她和儿子更亲密的保护，她的希望特别集中在理想化自体客体体验方面。

然而，后缘移情常常在他们的互动中占据主导。当安妮觉得泰没有看到她的需求时，她变得越来越愤怒和挑剔。而泰则感到被误解，拼命想重新获得安妮的认可，进而重新获得与安妮的联结，而不是为安妮提供她所需要的东西。这些主题之间的互动导致双方都采取了在早期发展中帮助他们的行为：安妮愤怒地疏远，放弃尝试，听天由命；泰更加努力地取悦安妮，期待自己最终会被人看到。因此，他们都加剧了彼此最可怕的恐惧，以及由此产生的自我保护立场。治疗师自己的主观性也是他们的僵局发生和解决的一个因素。例如，治疗师的前缘愿望是想把自己体验为一名有效的治疗师，是唯一能够帮助这对夫妇改善婚姻关系的人。当治疗师在这方面感到受阻时，就会经常担心自己无法胜任这项任务，在与这对夫妻的互动中就会格外卖力，希望让他们感觉更好，进而让自己的感觉也好起来。但这通常会干扰治疗师，妨碍夫妻双方把治疗师体验为一个共情的倾听者。随着时间的推移，当治疗师能够接纳自己的后缘问题时，治疗师也就更能共情这对夫妇了。接下来，治疗师可以为他们提供框架，让他们深入探讨问题，最终当他们陷入后缘相互作用时可以帮助其学会识别。

夫妻治疗的第二项重要活动，也是实施第一项活动的一个不可或缺的方面，即帮助夫妻双方发现、体验和表达未被承认的情感。正如史托罗楼（Stolorow，1987）所写的那样，“由于早期环境未能对孩子的情绪状态提供必要的……回应，因此需要否认、解离或以其他方式防御性地封装情感”（第 74 页）。当这些自我保护的情绪适应出现在成人的关系中时，它们必须被理解为源于伴侣担心“出现的情感状态会遇到相同的错误回应”（第 74 页），就像他们早年从照护者那里得到的那样。对这种后缘恐惧及由此产生的适应进行仔细的相互探索，将使夫妻双方更有能力在当下互相分享他们的弱点。与往常一样，这个过程不可或缺的是治疗师与夫妻双方保持持续的共情连接的能力。

临床案例

泰和安妮表现为两种截然不同的人。从他们进入我办公室的第一刻起，泰就情绪激动、急躁、焦虑。他的目光经常徘徊在他的伴侣身上，好像在试图判断她的反应。整整一个小时，泰都在紧张地讲话，他的眼睛恳求着我和/或安妮的理解。尽管如此，当安妮说话时，泰通常会想办法打断她，声称是她弄错了，或者是她误解了他。他紧张的独白占据了关系空间。安妮显然是一个沉默寡言的女人，坐在椅子上沉默着生闷气。当被问及她的看法时，安妮耸了耸肩，说她不怎么说话，也不想尝试多说话，因为泰从来都不听。这确实是真的。有点自相矛盾的是，泰看起来是如此渴望与安妮建立联系，但却让她很难融入对话。

另一方面，安妮的行为也令人不安。她让我想起了一个叛逆的青少年，无论说什么都不会被视为冒犯。安妮和泰两个人显然陷入了难以解决的后缘主导模式。正是在我们第一次会谈时，我对自己就已经感到不自信了，这反映出治疗师自己的后缘被激活了：我感觉没有足够的能力去帮助这对夫妇。对我来说，安妮有点令人生畏。面对她那轻蔑的风格，我感到无能为力，时而想要责备她，时而又希望她不要对我说那些刻薄的话。泰的语言攻击让我不知所措。我想逃跑。我想象着一堵墙围绕着我，在我和泰的焦虑之间形成一道屏障。然而，我知道我不能让我的弱点影响我对他们的回应，这会让我恢复到那种过于努力的倾向。随着心理治疗的进行，我努力调整自己的立场，让自己平静地倾听，并试图理解这两人之间可能发生的事情，以及他们给对方带来的感受。

我的第一步是试着帮助他们更加自在地跟我待在一起并接受心理治疗，让他们觉得这是一个安全的空间，他们都可以在其中表达自己。我请每个人就自己的育儿问题给我一个看法。他们对视了一会儿，没想到是安妮带的头。她说泰没有认真对待过她的担忧。例如，她曾多次向他暗示，他们8岁的儿子埃利奥特（Elliot）在家里和学校表现得过于咄咄逼人。但是泰对此嗤之以鼻，认为安妮反应过度。毕竟他说过埃利奥特只是个孩子。当学校打电话来报告埃利奥特欺负另一个孩子时，安妮心烦意乱，对泰没有把她的话当回事而感到愤怒。

安妮刚说到这，泰就插话了，强烈抗议说他现在正在听她说话！安妮瘫倒在椅子上翻了个白眼，一言不发。我问安妮怎么了，起初她说："我不想谈这件事！"她怒目而视，去到房间的空地上。我不确定安妮是针对我，还是仅仅想离泰远一点。无论是哪种原因，我心中都升起了另一种后缘恐惧。怕安妮不屑一顾，我犹豫着要不要再逼她一把。然后奇迹般地，她竟然帮助了我。"这就是经常发生的事情！这就是我为什么不去自找麻烦！他不让我把话说完。最终从头到尾都是他在说。"接下来，安妮对泰说："这不是你的事，泰，这是我们儿子的事！"泰再次插话："我只是想帮忙。你让我觉得我是个可怕的人。对不起，我之前没有听你的……"安妮："你现在又来了！"

看到他们交流的重复模式要开始了，我觉得需要让自己和他们都冷静下来。我打断他们，说道："让我们花点时间谈谈刚刚发生的事情。你们之间的沟通总是这样吗？"安妮："是的。他根本不给我空间，没有空间让我表达自己。他总是掌控谈话。"泰再次打断："这不公平！我一直在意你的想法！"我温和地阻止了他，认为有必要在治疗早期对反复出现的冲突进行干预，以便保护夫妻双方，从而营造一个有利于反思的氛围，并开始帮助每个人了解他或她在重复的模式中的角色。我说："泰，你得等着轮到你，给安妮说话的时间。会轮到你的，先听听安妮在说什么。"

如果说安妮的沉默寡言是她从不插嘴的一种反应，那么泰则是在竭力挽回安妮眼中的自己。他似乎不顾一切地想和她保持连接，对任何体现出他没有价值的暗示提出反驳。我发现自己为泰感到难过。在我的一生中，我一直在与害怕一个女人愤怒批评我的恐惧做斗争。这是我的后缘恐惧之一，我深深地认同泰的困境。随着治疗的进行，我提醒自己需要与双方都保持共情。我还告诫自己，安妮和泰一样脆弱，只不过表现方式不同。我把自己引导回自己的前缘，专注于为夫妻双方创造一个安全的情感环境。为了做到这一点，我试图放慢他们互动交流的节奏，同时也鼓励他们自我反省，而不是被动反应。

我请每个人多谈谈在这些艰难交流中他们的感受。泰先开始。

泰："以前我们可以无话不谈。现在她似乎不喜欢我了。似乎我所做的一切都是错的。她一直是一个很好的倾听者，但最近一两年里，她根本不怎么听。"

治疗师："这让你有什么感觉？"

泰："害怕。我怕会失去她。我似乎不知道怎么跟她沟通。"

（安妮静静地听着。她的姿势缓和了一点。泰说的话她似乎听进去了。在泰分享他的恐惧时，治疗师让安妮参与，创造一个他们可以有亲密感的时刻。有一段时间，希望取代了恐惧。）

现在回想起来，我发现他们僵局中的这一点小小的突破给了我一个机会，通过指出我之前观察到的重复模式来平息我自己的焦虑。这是一个例子，说明我的后缘不安和不称职的感觉是如何促使我努力去做点什么的。因此，我变得格外卖力，而不是帮助夫妻双方反思他们的感受和体验。

治疗师："从我的位置来看，我认为你们两个已经进入了一种不断重复的互动模式。泰，你似乎越来越努力让安妮与你交流。安妮，你的反应似乎是越退越远。"

他们都点头表示同意，但什么也没说。

我问："你们有没有觉得这种模式很熟悉？比如说，泰，有什么理由让你会一直努力与安妮建立联系，即使她告诉你，她希望你给她一些空间？也许是你自己的经历？"（我观察到自己首先关注的是泰，这无疑是因为他对我来说不那么令人生畏。）

泰歪了歪头。

泰："也许吧……"（我转向安妮，但在我有机会说话之前，她笑着摇了摇头。）

安妮："我才不会呢！现在发生了什么就说什么，但不想说过去的事。"

泰附和着安妮："她真的不想谈论过去。"

我觉得胃里有点恶心，也许是一阵恐惧。看来在安妮对自己过去的探索这件事情上，他们是一致的。我感受到的恐惧，是我自己的、泰的、还是安妮否认的？或者是三者都有？安妮肯定对过去经历的情感痛苦感到担忧，但更重要的是如果她现在试着和我们一起探索这种感觉，她预计也不会得到多少帮助。因此，安妮的后缘担心，即她的需求会再次被认为是不重要的，是被忽视的。这阻止安妮敞开心扉。然而，她的表现掩盖了她的脆弱感。她看起来很好斗，甚至咄咄逼人。泰对她的话近乎不假思索的反应很可能反映了他的担忧，他担心探索过去会让安妮心烦意乱，安妮随后可能会把气撒在他身上。或者，也许他真的是在暗中支持她，保护她免受一些令她害怕的东西的伤害。无论哪种方式，我的后缘都被唤醒了。我会短暂地幻想自己与父母的关系——终极三角关系。由于深深认同父亲，我总是指望他的支持。在与安妮和泰在一起的那一刻，想象他们都生我的气，真是太可怕了。

随着心理治疗的进行，我提醒自己是治疗师，不是个孩子，而且我现在有能力控制局面，虽然以前可能没有。

第一次见面后，我仍然感到不安。我对泰和安妮的情况只有初步的了解。我的后缘焦虑引发了一种脆弱感。这对夫妇的情绪波动，让我感觉有些情绪失调。通常情况下，两个被深度唤起又互相反感的人之间流动的强烈情绪是治疗师难以接纳的。当治疗师自己的后缘相关情绪也被激发时，他或她就更难以接纳和管理情绪反应。在两次会谈之间，我有意识地努力理解并整理自己的情绪状态。我主要是感到不知所措和不够好，但我自己也害怕被他们抛弃。

相应地，我尝试对夫妻双方表现出更多的共情。我从与他们的互动和对他们的观察中学到了什么？自己内心的反应告诉了我什么？鉴于泰不顾安妮的拒绝，疯狂地尝试与安妮建立联系，以及安妮固执地不愿参与，我想他们俩在早年一定都有过痛苦的情感体验。我还假设当不与对方交往时，两人能够产生更广泛的情绪。随着时间的推移，他们之间的主体间互动模式已经限制了他们更自由地互相交流的能力。尽管我可以看出他那焦虑、冗长的风格是多么令人讨厌，安妮也会觉得泰是一个以自我为中心的人，然而在这两个人之中，我却发现泰更好沟通。泰表露了自己的脆弱，但他并没有真正听到安妮的话。我觉得我可以和泰一起探索这一点，但是安妮表现出更多的挑战性。我努力控制自己对她的反应。安妮拒绝探索过去，这让我感到被推开，也被贬低了。我非常想尝试“说服”安妮深入治疗，就像我看到泰试图说服安妮听他说话一样。尽管如此，我知道我的反应源于我自己痛苦的经历。我不能让这个后缘问题影响到我与安妮的互动。

在接下来的对话中，安妮要求讨论如何处理埃利奥特在学校遇到的问题。她说她觉得泰对儿子太宽容了，没能严厉一点，他过于同情埃利奥特所面临的困难。我让安妮举个例子，但还没等她回答，泰就插嘴说："但你对他太苛刻了！"安妮回答说："他需要一些自我约束！你又来了，不让我说话！"她转向我，"你看！"我强忍住没有同情点头"赞同"。突然间，我想起了在他们的体验中安妮的那部分！这让我觉得我在自我探索中有所收获。我转向泰。

治疗师：（感觉到后缘恐惧）"泰，让我们再探讨一下你对此的感受。我明白安妮在说什么。你确实想打断她，当她说话时很难不插话，让我们来谈谈对你来说发生了什么吧。"

泰："她太挑剔了。当我听到她用那种语气谈论埃利奥特时，我就想保护他。"

治疗师："那是一种什么样的腔调？你能描述一下你听到的吗？"

泰："我不知道，她听起来有点冷，有点可怕。我觉得埃利奥特会有点怕她。"

安妮："这不是真的！他才不怕我呢！你这是在幻想！"

治疗师：（不想把注意力从一个似乎正在加深的情感时刻移开）"再等一下，安妮。待会儿我会听你说的，但让我先和泰完成这件事。你能接受吗？"（安妮点点头。显然，她确信自己会有说话的机会，我认为安妮能够等待是一个信号，表明她已经对我产生了信任，开始将我体验为自体客体。）"泰，这里有两件事。第一，你认为埃利奥特可能会被他母亲的语气所困扰，可能会觉得她很挑剔。"（泰点点头）"其次，你可能会认同这种感觉。"（泰再次点头）"所以，多说些第二种感觉，也就是她对你的批评。"（房间里的气氛发生了一些变化。泰和安妮都变得更安静了，我相信是因为每个人都对我的共情更有信心了。）

泰："嗯，就是觉得不管我做什么，她都不喜欢。事实上，她不再喜欢我了。"（沉默。他叹了口气。）

治疗师："这对你来说太难了。"（沉默）

泰："是的。这让我觉得我失去了她。"

治疗师："也许这就是为什么你这么努力想让她从你的角度看问题。这就像你试图说服她、赢回她一样。"

泰：（身体下垂，点点头。）

治疗师：（沉默片刻之后）"安妮，这会让你想起什么吗？"

安妮："好吧，我为他有这种感觉而感到难过。我不希望他有那种感觉。但这已经持续了这么久，我都不知道我现在的感受了。"

房间里的气氛从反感变成了悲伤。正如马丁·利文斯顿（Martin Livingston）的工作所表明的那样（2007），帮助夫妻双方触及脆弱的感觉，使他们更容易接近自己和他人。我相信一旦治疗师理解，并在内部解决了自己的后缘恐惧，这就会成为可能，进而能够更好地保持与安妮和泰的共情连接。

在接下来的几个月里，我们继续探索他们对这段关系的感受。部分是因为他们感觉被我听到了，双方都变得更加能够听到对方，并为彼此提供自体客体体验。在大多数会谈中，安妮和泰会回到他们熟悉的互动模式之中，但他们越来越能够在失控之前阻止自己。尽管除了基本的信息之外，我们几乎没有探索安妮的过去，她是一个来自艰难而又经历过旷日持久煎熬的离婚家庭的孩子。安妮在我们的会谈中变得更容易接近了。有时她会大笑或微笑，说她真的很关心泰，希望嫁给他后能有不一样的感觉。我发现自己对她有了好感。泰在说话之前似乎更能克制自己，更愿意坐下来倾听，也许是因为安妮不太容易对他吹毛求疵。对泰来说，面对自己的弱点并不是那么困难。通过持续的共情连接过程，我们三个人的前缘都在发挥作用。前缘将治疗向前推进。

按照科胡特的说法，共情既是一种与他人连接的能力，也是一种“观察方式”（Kohut，1981，第542页）。我自己的共情意识告诉我，在不忽视每个合作伙伴的担忧和弱点的情况下，我现在应该着手把重点放在进一步描绘持续影响他们之间互动的主体间场上。这种微小的转变是基于我的观察的，安妮和泰仍然会陷入他们熟悉的模式，我需要更直接地解决这个问题。牢记自体心理学所强调的“防御”的适应性本质，当防御行为发生时，我希望能更准确地强调自我保护，或者及时制止伤害行为的发生，以帮助他们探索激活这种行为的后缘因素。下面的内容说明了这种重点的转变。

在随后的心理治疗中，我们把注意力集中在他们关系的早期阶段上。当时，泰正全神贯注于建立一个后来被证明是非常成功的事业。安妮回忆说，她曾多次恳求泰在家里多陪陪她和埃利奥特。她很孤独，而且她越来越难以兼顾工作和照顾孩子。泰似乎并没有太在意她的请求。最终，安妮决定辞掉工作。泰对她的请求无动于衷，她意识到自己受到了伤害，并感到愤怒。

治疗师：“你认为这对你现在对泰的感觉还有影响吗？”

安妮：“哦，当然。我一想到就生气。他表现得好像一切都得由我自己来应付。我的事业、需求和感受都无关紧要！”

治疗师：“所以你还是很生气。”

安妮：“对！而且我不会让这样的事情再次发生！”

治疗师（对泰）："你知道安妮对此有多沮丧吗？"

安妮："哦，他知道。我已经告诉他了。"

泰："是的，她告诉过我。但是我该怎么办？一切都已结束！"（我决定不对他被误解的感觉做出回应，但这可能是另一个干预点。当时，我更专注于鼓励安妮探索她的感受。）

治疗师："安妮，你能谈谈这对你的影响吗？"

安妮："有些时候，我想我只能放弃了。"

治疗师："放弃？"

安妮："我刚开始自己处理事情。我知道我所说的不会引起注意。所以我辞掉了工作，专注于埃利奥特和我们的家庭生活。我不太在意那份工作。我的意思是，我爱埃利奥特。"（她低下头，看起来很悲伤。我在权衡是否进一步共情她的悲伤，或者，感觉到还有更多的情绪，轻轻地推动她一下。）

治疗师："但你刚刚停止抗议。我想知道你为什么这样做？"

安妮："什么？我真的很想告诉泰。不止一次。"

治疗师："我相信你。但我想知道，为什么他没听到你的声音，你却没有再次提出要求。也许会喊得非常大声，直到他无法忽视？"

安妮："我不知道。我想我只是觉得没有意义。"

治疗师："我觉得我们得验证一下你的假设，泰永远听不到你的声音。也许不管你喊得多大声，他也听不见。但我想这可能和你生活中其他重要的事情有关。有些时候，你觉得你永远不会被倾听到。"

安妮："我不明白你的意思。"

治疗师："你父母离婚的情形是怎么样的？我的印象是你从一

个家奔波到另一个家，尽管这让你很不开心。”

安妮：“嗯，那是肯定的！那时候也没人听我的！”

治疗师：“所以，也许你现在已经采取了一些相同的策略。即使你的需求没有得到满足，即使你没有被听到，也要继续前行。”

安妮：“有可能。”（沉默）

治疗师：“你看起来很伤心。”（沉默）“我想知道你对这件事的愤怒和悲伤在哪里。我觉得你批评泰时，就会流露出来。也许是为了让你和他保持距离，更加自立。这样你就能确保这种事不会再发生了。”

安妮：“这也有可能。”（沉默）

治疗师：“泰，你有什么想法吗？”

泰（小声说）：“我很遗憾没有听她说话。我不知道为什么。我也不知道我在想什么……”

安妮：（生气地）“你想的是你自己！”

泰：“我想这是真的。我以为你没事。我想好好表现，养家糊口，过好日子。”（沉默）

这次会谈为安妮打开了更多探索她过去的大门，也让泰反思他可能为了追求自己的目标而忽视了她的需求。在随后的心理治疗中，安妮回忆起她父母那场争吵不休的离婚，其中包括对四个孩子监护权的争夺战。她说父母彼此之间的仇恨太深了，他们几乎没有注意到离婚对安妮和她的兄弟姐妹所造成的影响。离婚的结果是孩子们被迫放弃了他们的家、他们的学校、许多他们喜爱的活动和朋友。安妮学会了比以前更加依靠自己。

治疗师：“你有没有发现你希望自己能拥有更多？例如，希望能重新拥有你的家庭？或者希望父母对你多一些关心？”

安妮：“哦，是的。但过了一会儿我只觉得愤愤不平。我不尊重他们。对他们能真的成为我的父母，我想我已经失去了所有希望。”

治疗师：“这听起来很熟悉。你觉得你和泰有类似的感觉吗？”

安妮：（沉默）“可能吧，有的。”

在这样夫妻双方都参与的会谈中，双方的立场都不再像以前那样僵硬和格格不入。每个人都更能自我反省、专心倾听、共情对方。这源于一种希望，即对方能持续保持在前缘，在他们的关系背景下更可靠地创造自体客体体验。下面的片段展示了泰在那段时间所做的核心工作。它证明了在一个共情的环境中，他如何能更充分地体验他现在的情感，并将它与自己的过去联系起来，这最终帮助他专注于此时此刻，从而使他成为一个更好的伴侣。

泰：“我在努力控制自己的情绪。我知道我想说个没完。彻底放弃算了。但我似乎无法控制自己，尤其是当涉及安妮的时候。”

治疗师：“你有没有想过为什么会发生这种情况？当你如此情绪化时，会发生什么？”

泰：“嗯，我的家人就是这样。人们总是大喊大叫，情绪激动。”

治疗师：“你觉得怎么样？”

泰：“太可怕了，你永远不知道什么时候有人会情绪爆发。我的父母总是在吵架。我爸爸尤其不可预测，他对你大吼大叫的时候很吓人。”

治疗师：“那一定很痛苦。”

泰：“是的。从来没有任何身体暴力，但我觉得有可能会发生。所以我总是害怕会发生什么事。我花了很多时间安抚他们。”

治疗师：“安抚……谁呀？”

泰：“嗯，每个人。”

治疗师：“你也担心你妈妈？”

泰：“不一样。她会大喊大叫，但我从不担心她会打我。”

安妮：“但你妈妈真的很冷漠。你需要告诉治疗师关于你妈妈的事。”

泰：“是的，我从来不知道她在哪儿。当我父亲发脾气时，她从来不管。当他让我们心烦意乱时，她从不安慰我们，或做任何事情。我们只是坐在我们的房间里，发抖。”

安妮：“即使现在她也很疏远。你总是去看她，但她对你或埃利奥特从来都不是很热情。”

泰：（沉默）“我觉得我的父母都不是真的喜欢我。我仍然不知道他们是否喜欢我。我认为他们爱我，但我不确定他们是否喜欢我。”

治疗师：（留出一些空间，让这件事被充分理解。）“你认为这对你有什么影响？”

泰：“我绝对认为这让我更有动力。我更需要证明自己。”

治疗师：“这与安妮有什么关系呢？”

泰：“我想我担心她也不喜欢我。”

安妮：“但你一开始似乎并不那么担心！那时你似乎并不想取悦我！”

治疗师：（沉默。看着泰。）

泰：“没有。我以为你会没事的。我以为我终于找到了一个会在我身边的人，我没有想太多你的需要。那是我的错。”（更多的沉默）

治疗师：“但当你感觉到安妮的退缩，当她表现得更像是不赞成你的时候，你开始追求她。”

泰：“不，好像她不喜欢我一样！”

治疗师：“所以，当她似乎不再喜欢你时，你很难抗拒试图说服她你的价值。你试着说服她不要这么做。”

泰：“我想这可能就是我正在做的事情。当我这样做时，没有任何想法。”

治疗师：“如果你停下来，想象一下不要试图说服她。会发生什么呢？”

泰：“我受不了这种感觉。我无法形容。”

治疗师：“再坐一分钟。试着想象一下那是什么感觉。”（沉默）

泰：“有点……空虚，孤独。感觉不好。”

治疗师：（再等一会儿，看看是否还有更多。）“所以你真的觉得和她失去联系了。我觉得试着让她理解你的观点是你试图重新建立联系的方式。也许你会担心如果不努力，就什么都不会发生。安妮不会主动找你，也不会跟你相向而行。”

泰：“差不多吧。”（沉默）

利文斯顿的夫妻治疗案例

简介

埃里克（Eric）和珍妮（Jenny）似乎想要从他们的关系中获得更多，而不仅仅是在周末见一面。他们每个人都希望能够解决足够多的困难，这样他们就可以放心地一起购买房子或公寓。他们想寻求帮助，探索生活在一起的希望和恐惧。虽然没有说出来，但我怀疑他们是希望关系能更亲密一些的。埃里克和珍妮有着不同的背景，对何为美好生活有着不同的看法。为期两年的心理治疗中，心理治疗第一年的重点详述如下。

临床案例

埃里克和珍妮是交往很久的男女朋友（他们自己的说法），都是 60 岁左右。他们希望探索并克服他们对亲密关系的恐惧，具体表现为：他们无法长期住在一起。埃里克是一个身材高大、说话温和、皮肤黝黑的男人，在布朗克斯安家，在他家的一个房间里开设着一家小型牙科诊所。他选择每周在家工作三天，特意留出时间学习催眠。埃里克希望催眠能加强他的练习，同时让他有安静、独处的时间。埃里克从小就需要有自己的时间，远离工作和他为数不多的几个好朋友，否则，用他的话说，他会变得“太兴奋”。埃里克比他的哥哥姐姐小十岁，受到母亲、两个姐姐和祖父母的照顾和宠爱。因此，他得到了很多爱。埃里克在布朗克斯长大，家庭中的地位给他提供了一种强烈的自我意识。而珍妮的背景与埃里克的背景大不相同。当珍妮还是个孩子的时候，大部分时间她都被自己的父母所忽视，她经常要自己照顾自己。现在珍妮的房子在布鲁克林，离埃里克的住处很远。珍妮是一名社会工作者，她喜欢帮助她的客户，而且即使当她回到家的时候，她也很乐意帮助朋友和邻居。

第一次会谈：和我预约夫妻治疗的埃里克先开始说话：

埃里克：“我担心如果我们生活在一起，我的小世界会被珍妮乱成一团的家庭打乱。举个例子，如果她的家人或朋友打来电话——即使是在半夜——她都会立即出去，帮助他们。”

埃里克直率地让我们知道了他的后缘恐惧，间接告诉了我们他希望什么——珍妮会改变，与他在一起的时间超过与她的朋友们在一起的时间。埃里克通常每周至少给珍妮打一次电话，大多数周末都从布朗克斯开车去她在布鲁克林的住处——这可不是一件小事，因为他们住的地方隔着整个曼哈顿区。埃里克显然希望他们的关系能继续下去，这激发了他的前缘希望——和珍妮生活在一起。

珍妮：“过去，我被强壮的男人管着，包括我的家人和两任丈夫。我决心不让这种事再发生了！”

珍妮继续说着，痛心疾首地谈到她的后缘“害怕被吞噬”。珍妮不知道她和埃里克是否会成为足够好的伴侣，这让她在同居这件事上犹豫不决。总的来说，珍妮似乎对他们长期在一起的可能性感到悲观，这证明了强烈的后缘怀疑。虽然她的怀疑和不安对他们夫妇来说似乎是个问题，但我认为她为自己说话的能力是她的前缘。

治疗师：“珍妮，我听说部分原因是如果在你们在一起生活之前先做自己的事情，你会觉得更安全，对吗？”（她肯定地点了点头）

在整个第一次心理治疗中，在我们三个人置身其中的主体间空间里，埃里克和珍妮都没有羞于表达他们的想法、恐惧，以及他们各自想要的生活。结果，我喜欢上了他们俩，也挺佩服他们，这就为这对夫妇以及我们的合作创造了前缘希望。然而因为我不知道如何能让这对夫妇花更多时间在一起，更不用说让他们生活在一起，所以在我的内心深处也有一种明显的后缘怀疑。

几周后，珍妮做了白内障手术，埃里克应她的要求和她住在一起。他俩都盼望着他能在那里待上一个星期。手术后几天，珍妮开始感觉好多了。埃里克离开是给约好的病人看病。但是，他没有想过要让珍妮知道，没有直接告诉她，甚至没给她留个便条什么的。更糟糕的是，因为给病人看完病后埃里克很累，他就在自己的家里休息了。到此为止，埃里克仍然没有联系珍妮。可以理解的是珍妮先是担心，然后又因为他的粗心大意而生气，最后又产生了后缘的失望和愤怒。珍妮给我打电话，留了语音信息。和珍妮一样，我也对埃里克粗心大意的行为感到惊讶和不安——我的后缘让我自己有点震惊。

在我们接下来的会谈中，珍妮大部分时间都在“发泄”她对埃里克的不满，声称她对他比平时更生气、更失望，这暗示着她经常生他的气。

珍妮：“当埃里克和我在一起时，他对我的照顾比任何人都好！但是我们一起在家待了几天后，他就走了。没留便条，没留一句话。他甚至都没说‘再见’，也没有说他要去哪里，或什么时候回来。他一走就是好几天！”

治疗师：（难以置信，意识到在她的情况下，我可能也会做出类似的反应。尽管我试图对这对夫妇保持冷静。）“珍妮，你的感受是可以理解的。当然，埃里克和你在一起激起了很多渴望，希望他能继续乐于助人和充满爱心。他失踪的时候，情况肯定更糟了。”

注意到他们听了我的解释后面露喜色，我继续：

治疗师：“当他和你在一起，帮了你很多忙之后，却出乎意料地离开了，但离开的时间可能比你俩预计得要长。珍妮，我想除了生气，你还担心可能会发生什么事情；也许你还担心你可能还会需要他的帮助和安慰。”

当会谈结束时，我直视他们两个说：“珍妮不想成为你们两个的领导；她希望你至少在部分时间帮助她做决定，埃里克。”珍妮微笑着点点头。

后来我意识到，埃里克让我想起了几十年前自己的一个爱人。在搬到纽约之前，我住在一个靠近南部的州。这段关系结束的部分原因是我们都厌倦了作为“不同种族混合”的夫妇所遇到的困难——我的白皮肤与他的黑皮肤形成鲜明对比。太多的人盯着我们看，露出困惑的神情，更糟的是，他们在口头上表达出对我们的不认同。当我的爱人变得越来越不可靠时，我们分手了。搬到纽约后，我既高兴又吃惊，不仅因为这里有各种各样的肤色，而且很多人似乎对此都漠不关心。我第一个伴侣的肤色，以及他最终的不可靠，让我想起了埃里克的间歇性不可靠以及他的肤色。我希望，也想要相信，埃里克最终在很多重要方面与我的“前任”不同。

第一次心理治疗后，几个月过去了，珍妮和埃里克简要地提到，在珍妮第二次白内障手术后他们一起度过一周的情况。

珍妮：“上周有埃里克在这里很棒；我们在一起待了一周后，我真的很想念他。尤其是晚上在床上。我希望他还在我身边。”

珍妮的话温暖了我的心，我真的为他们感到高兴。我轻轻地问他们俩每个人想在这段关系中得到什么。

珍妮：“我更喜欢花更多时间在一起，看看会发生什么，结果什么也没有发生。”

埃里克：“当我和珍妮在一起的时候，我大脑工作的方式完全专注于她。我渴望得到她。但这样的话，我就不能专注于其他我想做的事情，比如我想参加的催眠课。”

治疗师：“埃里克，既然你想兼顾，我们怎么帮你完成一些工作呢？当你和珍妮在一起的时候，试着关闭你大脑的某个部分？这样你就可以待久一点，同时也可以完成一些其他工作。”

这对夫妇在一起五天，分开两天，他们变得活泼开朗。我们三个人都很高兴，在我们的主体间场里，享受着各自共同的前缘希望。

几个月后，这对夫妇一直保持着只在周末见面。珍妮说出了自己的想法，她想在周中聚会。

埃里克：“这是个好主意；我从没想过在工作日见面！”

珍妮：“我很高兴你喜欢这个主意。一开始我想，我不应该建议我们在你的休息日见面。”

他们显然对珍妮的建议很满意，我也很满意，尽管好几个月以来这个建议的履行都没有任何进展。几周后，当我问他们是否接受珍妮的建议时，他们似乎也没有兴趣谈这件事。他们后续没有在周中见面，这令我感到失望。而且他们在心理治疗中以蜗牛的速度进步，引起了我的后缘，我怀疑自己能否帮助他们，或他们的关系是否会断断续续。同样，我也不认为问他们为什么没有在周中见面会对他们有什么帮助，因为我认为他们还没有做好经常见面的准备。

几周后，埃里克邀请珍妮去他家看看；她去他的公寓过周末。不幸的是，这么远的路程，珍妮不仅很难抽出时间去他的公寓，而且埃里克家里也很乱。他们一起决定还是让埃里克继续去珍妮家。

治疗师：“结果没有像你们俩所希望的那样好，真太遗憾了。”

在内心深处，让我感到震惊和失望的是，尽管埃里克非常想让珍妮看看他的家并待在他的家里，但他甚至没有尝试清理一下他的客厅或卧室。所有这些情况引起了我的后缘，并让我对埃里克感到失望。此外，埃里克似乎只想到他自己；这个想法给我带来了一个不受欢迎的后缘，我不知道能否帮他们觉得彼此可以继续做夫妻，或者在某个时候，他们中的一个或两个决定结束他们的关系。他们彼此相似，但在重要方面也有所不同。

作为一名职业的社会工作者，珍妮整个星期都在工作。珍妮每天在布鲁克林大区内要见各种各样的人，帮每个客户解决任何需要解决的问题，还要为她自己和社工机构做详细记录。她擅长并喜欢自己的工作，部分原因是她关心她见到的人，这创造了她的前缘——对自己和工作的感觉良好。因此，她毫不介意一周之中没有时间做其他事。

几周后：

治疗师："当在珍妮家的时候，你们俩感觉如何？"（他们描述了很多他们一起做过的事情：一起开车兜风、一起散步，或者去市郊，甚至偶尔会看一场电影。）

埃里克："我喜欢待在珍妮家，这让人平静。但我希望我们周末有更多的时间在一起。"

治疗师："你是什么意思？"

埃里克："每当有人向她求助，她都会立即去做。当我在她家时，我不喜欢经常一个人待着。"

珍妮：（几乎是挑衅地说）"如果我的朋友需要帮助，我会帮忙。我需要帮助他们。埃里克，如果你不喜欢，你可以随时离开，回家。"

治疗师："我想知道我们是否可以找到一个折中方案，这样当埃里克在你家时，你们俩都会感觉更好。"

珍妮：（更冷静）"我们做不了什么。如果我的朋友需要我，那我就得帮忙。我唯一的空闲时间是周末。埃里克和我一起做了很多事。我喜欢有他在家。他让我平静。"

埃里克："我没问题。我喜欢和你在一起，珍妮。"

在珍妮访问埃里克家的那次惨败之后的一段时间里，埃里克似乎愿意做任何事来改善他们的关系，从而创造了希望和渴望的前缘。尽管如此，他还是担心自己边界清晰的小空间会被珍妮乱成一团的家人和朋友们打扰，这成为他恐惧和不确定的后缘。

我理解这对夫妇之间重要的相同点和不同点，但我担心的是结果。他们俩都很聪明，很关心他们生活中的一些人，愿意为他人付出。尽管如此，在空闲时间方面，他们俩却有很大不同。埃里克需要安静，也需要在家独处的时间。与之形成鲜明对比的是，珍妮非常喜欢——也许珍妮也需要——帮助别人。不仅是工作上，还有家人和好朋友，即使在三更半夜也要帮助他们。我知道这不仅让珍妮有了目标，也让她有了一种强烈的被需要和融入的感觉，这与她年轻时的体验不同。遗憾的是她在家里也随时帮助他人的生活方式阻碍了与埃里克在一起的生活，这常常让埃里克感到失望。虽然我不喜欢珍妮在和埃里克一起过周末时经常不在家这件事，但我无法改变这一点。我试图说服自己，这对他们俩来说似乎都是"足够好"的。尽管如此，在那一刻，在我们三个人形成的主体间空间里，我意识到我的后缘感觉——我既不够强大，也没有足够的洞察力——无法帮助他们权衡如何对待他们在一起的时间才能对他们俩更好。因为这对夫妇似乎对此都不太关心。我深深地吸了一口气，试图放松下来，内心深处希望自己能摆脱那种来自后缘的想要帮助他们的担忧。

这对夫妇偶尔也会和睦相处。

有一次，他们在珍妮家度周末时，发生了一场可怕的暴风雪，珍妮接到了女儿的求助电话。埃里克试图劝阻珍妮不要在暴风雪天气出去，但没有成功，这引发了埃里克对暴风雪和对珍妮健康的后缘恐惧。虽然害怕，但埃里克没有让珍妮一个人开车，自己在家担心，而是坚持开车送珍妮到她女儿家，一直待到她准备离开。因为埃里克找到了一个解决方案，这减轻了他对珍妮和对自己的担心，他前缘的希望超过了他最初的后缘担心。而且他们一起解决了这个问题，这让埃里克对自己和对珍妮的感觉都好多了。他的体贴周到和慷慨大方也给珍妮带来了前缘的快乐，珍妮非常感谢埃里克在她需要的时候给予的帮助和支持。此外，他们正在寻找一个对他们俩都成功的解决方案，这让我对他们这对夫妻有了更多的希望。在我们的主体间场中，这反过来引发了我的前缘。

那一年晚些时候，在心理治疗中，珍妮对埃里克越来越晚才到她家表示担忧，好像他不想花太多时间和她相处。埃里克坚决不同意。

埃里克："我忙于做事，要么忘记时间，要么在我去见你之前，好不容易才找到一个停下手边工作的时机。"

埃里克坚持说他很享受和她在一起的时光，这为他们俩都带来了前缘的快乐。他还说到了要离开的时候，他通常会感到难过：在珍妮家他感觉很好，离开又很遗憾，因此埃里克同时体验到了前缘和后缘。和埃里克一样，我对他们的交谈既感到有点难过，也感觉受到鼓舞；我很高兴他们俩都说出了他们的恐惧，以及他们对彼此的期望。因此，我几乎同时体验到他们俩的后缘恐惧，担心他们会因彼此之间的问题得不到解决而生气。他们很快找到了一个有效的解决方案，这让我非常高兴。

几周后，珍妮和埃里克都对他们的关系感到悲观，每个人都体验着后缘的悲观。失望的是在他们的关系上，我对自己“天上掉馅饼”式的想法感到很恼火，因此引发了我强烈的后缘感受。我默默地自言自语，努力停止自责。同时试着倾听，并陪伴在这对夫妇的身边。我好像在坐过山车，体验着起起落落。

结论

从上面的例子可以看出，每对夫妻都会遇到一些不同的问题，每个分析师的工作方式也各不相同。随着时间的推移，路易莎和她治疗的夫妻建立了高度的信任；随着心理治疗的进展也合作得越来越好。因为涉及三个人的努力，并以相互作用的方式发生，所以进步发生得非常缓慢。

南希和她治疗的夫妻还建立了一定程度的自体客体回应能力，这是他们工作的基础。 治疗涉及三人之间的密切合作，但与第一个案例相比，南希说的话更多，即使这让她感到不安。当南希认为有必要时，她会积极参与，甚至挑战这对夫妇。通过提问以及指出一个成员的行为对另一方所产生的影响，南希帮助三个人了解了自己的希望和恐惧，以及这些希望和恐惧是如何影响他们建立安全连接的能力的。

第十二章

性与主体间自体心理学

什么更重要?

戈登·鲍威尔[1]

* * *

我成了一名自体心理学分析师，我想要像我所认识的其他执业者那样——体贴、开放、聪明和慷慨。作为一名男同性恋，我知道在当时很难找到训练有素、富有同情心，而又认同同性恋的心理分析师。因此我想成为其中的一员，我想建立一个对所有人都开放的私人诊所，在我看来那会是一个社区诊所，欢迎男同性恋前来。

当我沉浸在自体心理学之中时，我发现它对人性和治疗过程的基本假设是明智而吸引人的。随着熟悉程度的加深，我对自体心理学的尊重也与日俱增。自体心理学之父海因茨·科胡特与他的偶像西格蒙德·弗洛伊德分道扬镳，部分原因是他们对人性的看法截然不同。正如我会详细描述的那样，科胡特把自体心理学建立在对人最好的假设之上，我喜欢这一点。

我在20世纪70年代作为一名同性恋者进入了成年阶段，性在当时似乎无处不在。在性革命的那些年里，同性恋比较常见，并逐渐被大众所认识。大多数美国人似乎开始接受、讨论、享受多种多样的性乐趣。总体而言，美国人，尤其是男同性恋，热衷于探索性欲上的新发现。

然而到了90年代，当我开始研究和实践自体心理学时，艾滋病正在屠杀男同性恋。出于更阴暗的原因，我们再次担忧性以及性行为，性开始变得可怕。

令我非常沮丧的是，自体心理学对性却鲜有谈及。在弗洛伊德的理论中，性和攻击性一直是人类动机最重要的决定因素，而科胡特则降低了它们的崇高地位。对于弗洛伊德和他的追随者来说，相信性和攻击驱力的核心地位是进入精神分析俱乐部的入场券。科胡特创建了另一个精神分析流派，关注自体[2]及自体的需求是心理治疗最重要的考虑因素，而性则并不那么重要。

但是科胡特关于同性恋的文章却让我震惊：同性恋者比异性恋者更不容易形成爱的关系。他把同性恋幻想和行为的消除看作是精神分析的进展（Kohut，1977；Miller，1985）。

科胡特对同性恋有着诅咒式观点，我很难把这观点与他对人的非评判观点联系在一起。对自体心理学能否或者如何帮助我理解和支持病人的性取向，我感到困惑。

几十年来，我在自体心理学中寻求对性发展的理解，以指导我的工作，但没有收获。现在我明白了，虽然科胡特用性的洗澡水把性取向多态性这个婴儿扔了出去，但反过来，这样的激进行为却从精神分析中拯救了性。通过把性从人类生活中两个最高动机之一的地位中移除，科胡特让性和精神分析都朝着健康的方向发展。通过描述一种临床方法，既贴近个人体验，又让临床医生开放和大度，科胡特为我们提供了促进性和性别认同健康发展的方法。他从失败的结合中拯救了性和精神分析。

当我接受精神分析培训时，只有少数自体心理学家写过关于性和同性恋的文章。其中，R. 丹尼斯·谢尔比（R. Dennis Shelby，1994，1998）曾写过有关同性恋的文章。首先，丹尼斯回顾了同性恋的精神分析历史，他写道："二战后，美国精神分析人士就同性恋心理发表了一些最恶毒的言论。"（1994，第 59 页）但是到了 90 年代，"与我们在精神分析培训期间的所作所为相比，精神分析学家现在可以开始更加温和地看待同性恋了，甚至可以在与病人打交道时将其视为理所当然。"（第 63 页）他断言性取向是与生俱来的，而不是后天习得的，临床医生的任务就是对病人的"性别自体"做出共情的回应（第 76–77 页）。

贝琪·卡索夫（Betsy Kasoff，1997）对谢尔比关于同性恋是与生俱来的断言提出了质疑——她写道，这可能适用于男同性恋，但并不总适用女同性恋。然而，贝琪对病因学的兴趣远不如"理解……同性恋是异性恋和双性恋的替代发展结果。我不认为这个结果本身表明发展的异常，或有什么生物学差异"（第 216 页）。我同意卡索夫的观点。

玛丽安·朵缤（Marian Tolpin，1997b）在阐述自体心理学理论时提到了中立的性，并将弗洛伊德和科胡特的观点进行了对比。弗洛伊德认为性需求是最重要的，而科胡特则认为性需求只是儿童对自体客体响应的需求之一，可以被整合到一个内聚的自体中。

性和自体发展的结果不是由生殖器决定的，也不是由竞争、愤怒、嫉妒或不得不面临的沮丧和失望决定的：其结果取决于“原初”的愿望、冲动和“俄狄浦斯自体”的驱力，以及不可避免的延迟、沮丧和失望是如何被回应的。也就是说，取决于孩子与父母之间关系的性质。

（第 183 页）

玛丽安知道，性是随着自体的发展而发展的，“随着性的成熟，会出现两种形式且相互关联的极度愉悦，其一是来自性本身的愉悦；其二是在与有回应的他人的重要联系之中短暂地重新接触到最深层的自体体验所带来的愉悦，而性只是其中一种方式。”（第 184 页）。

自体心理学中关于性的论文相对较少，这表明科胡特对精神分析进行了彻底的重新思考。在他把弗洛伊德理论中的本能驱力（性和攻击驱力）降级后，便在自己的新理论中给攻击找到了位置，即提出了自恋暴怒，但他却没有给性找到位置。

在科胡特的理论中，关于性发生了什么变化？具有讽刺意味的是，科胡特把性和同性恋移出了精神分析的关注焦点，与此同时又为我们提供了一种工作方式，让我们能够把女同性恋、男同性恋、双性恋、变性人和酷儿 [queer，不认同出生时性别者。以上人群被统称为性少数群体（LGBTQ）] 作为人类的正式成员，享有和其他人一样的爱和生活的所有能力及所有障碍。科胡特的想法让我们能够以一种接纳病人全面而独特发展的方式，专注于每个病人具体的性和性别体验与幻想。

自体心理学与性

精神分析是建立在弗洛伊德试图理解性的基础之上的。弗洛伊德的“谈话疗法”就是从性欲开始的，第一个病人是弗洛伊德的同事约瑟夫·布洛伊尔（Josef Breuer）的病人安娜·欧（Anna O）。最终弗洛伊德得出结论，每一个重要的行为和幻想都可以提炼成性和攻击的欲望，它们是精神生活不可或缺的给定条件。

科胡特看到的则是完全不同的人。他在职业生涯后期拒绝了弗洛伊德对性和攻击的崇拜。科胡特相信通过考虑自体和自体需求，我们会更好地理解我们自己。他发现相比关注攻击和性驱力，对自体和自体需求的关注能更为有效地创造持久的变化。但科胡特并没有抛弃弗洛伊德关于性发展的重要观点，如口欲期、肛欲期和性蕾期；本我、自我和超我的组成；以及包括俄狄浦斯阶段和兄弟姐妹之间竞争的家庭动力变化。但是科胡特把以上这些置于对自体和自体需求的考虑之下。这种思想上的转变是巨大且必要的，让性在我们的情感生活中扮演了一个小角色。

自体心理学假设我们体验关系的方式有两种。有时我们与他人交往，就好像他们与我们是分开的，他们有自己的动机、愿望和历史。这样的体验是与客体相关的，弗洛伊德和大多数其他精神分析流派所针对的都是这一点。

科胡特则专注于关系的另一个方面：自体客体（或自恋）方面。有时我们会体验到某个人为我们提供（或未能提供）了必要的心理功能。此时我们的自体感（我们的自恋）扩大到将那个人包括在内，我们将其体验为我们自体的一部分，而不是作为一个独立的个体。那个人的反应会影响我们，就像他们也是我们自己一样。

人际关系的两个方面，即客体相关方面或自体客体相关方面，在任何时候，当二者中的其中一个方面主导我们对另一个人的体验，另一方面就会退到后台。自体是由他人对我们自体客体需求的回应所创造和维系的。科胡特认为，自体客体体验在临床和发展上比弗洛伊德提出的客体相关体验更重要。因此，自体心理学主要关注关系的自体客体方面。

在关系的自体客体方面，性只是一种自体客体渴望。在某种程度上，性表现为一种自恋的需要，即需要被肯定、被赞赏、被接受等等，这只是在性方面的表现。性和性幻想也可以用于防御，这意味着性和性幻想会维持自体的内聚力，但不会促进其进一步发展。

因此，性与其他自体客体幻想和行为没有太大区别。当然，尽管它特别引人注目，但它本身并不是一种需求。

科胡特对性的自恋方面的关注意味着他较少关注性的多种多样的其他方面：人与人之间爱和亲密的表达；感官享受；激情洋溢；游戏和实验的可能性；在确认和表达愿望方面的重要性；重现（或第一次创造）最早的身体感觉的方式；对克服早期创伤所具有的很大的价值；被用作创造性表达；容易让人上瘾；等等。

通过将性的含义限制为自恋的另一种表达，科胡特有效地把性从精神分析中移除了。

科胡特论同性恋

在他的第一本书《自体的分析》(*The Analysis of the Self*，1977)中，科胡特写了A先生的故事，他是一个25岁左右的被分析者。虽然A先生与女性约会，但他却因同性恋幻想而接受心理治疗。在这些幻想中，他奴役着一个强壮、英俊的男人，使这个男人的身体变得无助，并对他保持着“近乎虐待的绝对控制”。“有时，一想到要给一个强壮的、身体完美的男人手淫，并因此耗尽他的力量，他(A先生)就会达到高潮，感觉到胜利和力量。”(第70页)

对科胡特来说，A先生的幻想并不是健康性欲的证据。他仅将A先生的同性恋幻想视为性化的自体客体需求：“病人的同性恋幻想，可以……被理解为关于他自恋障碍的性化陈述”(第71页)。在科胡特看来，A先生的同性恋幻想是可以通过精神分析解决(即消除)的症状。

如果A先生的幻想实际上是在表达与男性进行性和浪漫接触的健康欲望，那么他的前缘需求(即健康的希望)，即他对性的自我认知是希望能被他的分析师接纳的。然而，这也会与分析师发生冲突，因为科胡特的后缘(即防御性)信念认为，同性恋是一种自体客体需求的不健康表达。

与弗洛伊德一样，科胡特(1996)也认为，选择同性伴侣就是选择像自己一样的人，因此是自恋客体的选择。

> 总体而言，与异性恋相比，同性恋更看重自恋的人际关系概念……*尽管并不多*，但在同性恋关系中，对方或者

说伴侣显然被视为一个独立的、爱的客体，有着自己的世界观。

（第 40 页，斜体字是后加的）

不过，科胡特去除了一些刺眼的观点，他认为同性恋的自恋关系不是受到谴责的理由，因为他不认为自恋是病态的。

并非所有人的心理发展都是按照相同的计划进行的……某些有创造力的人在很大程度上确实没有发展出客体爱的能力，但是他们的自恋力量却导致他们的创造力发展得很好。谁说这比不上爱上一个女人的能力呢？

（第 40 页）

换句话说，同性恋的自恋是不可避免的，他们可能无法去爱。但是更大的创造力可能会弥补这种损失。我觉得这是一笔糟糕的交易。

更可恶的是，科胡特说，“大多数同性恋关系是一种快速建立的紧急措施，用来缓解紧张。这并不意味着异性恋不能有同样的形式，但同性恋关系更是如此（我没有这方面的统计数据）”（科胡特，1996，第 84 页）。

科胡特认为同性恋关系是权宜之计，只是为了缓解紧张或满足自恋的需要。这揭示了他的偏见，即大多数同性恋欲望都是一种不健康的性表达，是一种防御策略，它阻止了成熟的客体之爱（即异性恋）的发展。随着一个更健康的自体的发展，这种欲望应该被淘汰。

不过，科胡特本人可能享受过一段同性恋关系，而这是他一生中最重要的有益关系之一。在《Z 先生的两次分析》中，科胡特（1979 年）写了一位病人（Z 先生），现在被广泛认为是科胡特本人的伪装版本 [参见斯特罗齐尔（Strozier）的著作，2001，第 21—26 页，第 308—316 页]。Z 先生生活中的许多事实都与科胡特的情况相符。

科胡特将 Z 先生描述为“在与女性的关系中遇到了麻烦”的异性恋男人（第 397 页）。Z 先生年轻时非常孤独，根据科胡特的说法，Z 先生报告说：“他从 11 岁开始就与一名 30 岁的高中教师发生了同性恋关系，持续了大约两年。这名教师是他父母送他去的夏令营的高级辅导员兼副主任。”（第 401 页）。

Z 先生把与辅导员一起的时间描述为非常幸福的那些年——很可能是他一生中最幸福的几年……与辅导员的关系似乎确实非常充实。尽管他们之间偶尔会有明显的性接触——起初主要是亲吻和拥抱，后来也会有赤裸的亲密——但他坚持认为性并不突出：这是一种深情的关系。这个男孩把他的朋友理想化了（第 404 页）。

两人的关系在 Z 先生进入青春期时结束了，他们的亲密关系也随之消失。尽管如此，“Z 先生并没有对他的朋友感到怨恨。在分析过程中，Z 先生每当提到他时，都会热情地谈论他。Z 先生觉得他们的感情是真挚的，他们的友谊也在不断加深”（第 405 页）。

如果在今天，当时也一样，11 岁的青少年和 30 岁的成年人之间的性关系会被认定为性虐待。许多，也许是大多数 11 岁的青少年会因此遭受严重的创伤，并会将其视为性虐待。但 Z 先生却认为这段关系非常好，这里所考虑的是 Z 先生的个人体验。如同对 Z 先生那样，我们对所有的病人也一样：他们的体验是我们关注的焦点。我们这些精神分析师们可以而且是必须，想象目前病人意识之外的其他可能的反应。例如，Z 先生是否压抑了这段关系中创伤的一面？首先，我们要从病人的外在表现开始。

科胡特年轻时也有过一段关系，这与 Z 先生和辅导员的关系大部分相符（Strozier，2001，第 21—26 页，第 308—316 页））。在科胡特差不多 10 岁或 11 岁时，他的母亲为他聘请了一位家庭教师。他叫恩斯特・莫拉韦茨（Ernst Morawetz），是一位大学生，年龄在 19 至 23 岁之间。他们的关系对科胡特来说是：在智力上启发思考，在情感上必不可少。科胡特后来说：

> 我有一位私人教师，他是我生命中非常重要的人。他带我去博物馆、去游泳、去听音乐会，我们无时无刻不进行思想交流、玩复杂的智力游戏、一起下棋。我是独生子。所以这段关系在某种程度上对我来说是一种心理上的救赎。我非常喜欢他。
>
> （Strozier，2001，第 24 页）

斯特罗齐尔写道："科胡特成年后与许多同事谈起过莫拉韦茨，但对这段关系的细节却总是含糊其词……即使与家人在一起，他似乎也含糊其词。"（斯特罗齐尔，2001，脚注，第 394 页））科胡特将他的最后一本书（他知道自己快要死了）献给了两个人：他所崇拜的历史老师伊格纳茨・普哈德斯霍夫（Ignaz Purkhardshofer）（斯特罗齐尔，2001，第 29 页）和恩斯特・莫拉韦茨。

与莫拉韦茨的关系对科胡特来说是"心理上的救命稻草"。他可能和 Z 先生一样，觉得那是"他一生中最快乐的岁月"；和 Z 先生一样，科胡特也是一个孤独的男孩；和 Z 先生一样，他对自己与导师的关系没有表现出矛盾的态度。

没有其他迹象表明科胡特有同性恋幻想或同性恋关系，所以关于科胡特性取向的猜想是基于这两对关系之间的相似性。Z 先生与教练的性和浪漫关系可能准确地反映了科胡特的体验。或者，也许科胡特对莫拉韦茨有一种一厢情愿的渴望，他让想象中的 Z 先生可以尽情享受。也许，科胡特既没有同性恋幻想，也没有与莫拉韦茨发生性行为。也许，这种关系比 Z 先生的更性感、更浪漫。历史关系的许多排列都是可能的，但我们可能永远不会知道真相。

在科胡特有生之年，主流文化和精神分析都对同性恋嗤之以鼻，所以如果他有同性恋的幻想或经历，很可能是得不到任何正面肯定的。在 20 世纪 50 年代，一位精神分析家希望把自己树立为一个称职的专业人士，他会向谁吐露自己的同性恋身份呢？科胡特第一次尝试加入芝加哥精神分析研究院时被拒绝了。斯特罗齐尔推测，如果他与莫拉维韦茨有过同性恋关系，那这可能就是原因（Strozier，2001，第 80 页）。如果是真的，那么这段经历可以教会科胡特对他与莫拉韦茨的关系保持沉默。

无论他是否曾经有过同性恋幻想或同性恋行为，科胡特对同性恋的看法确实比他那个时代的主流精神分析家更宽容。科胡特认为 Z 先生的同性恋关系是完全健康的，没有事后诸葛亮式地质疑 Z 先生的评价。尽管他的结论是经过一些未经深思熟虑的推理得出的：同性恋也可能自恋，但自恋并没有错，所以我们不需要对其污名化。

科胡特的观点比当时的精神分析危害小，但它仍然是相当有害的。科胡特试图用精神分析理论来消除对同性恋的诬蔑，但是他的理论并没有让他一路走下去。科胡特去世后，精神分析家谢尔比（Shelby）在1994年断言，一些精神分析学家终于可以接受同性恋是与生俱来的，而不是异常的。幸运的是，我们可以用科胡特的理论来彻底消除对同性恋的诬蔑。

卡索夫（Kasoff）对科胡特的观点进行了纠正。他写道（1997，第216页），同性恋被视为“异性恋和双性恋之外的另一种发展结果”。在这种观点中，没有人会只因为性取向而被先验地认为比其他任何人或多或少地更能够建立与客体相关的关系。这种观点认为，当我们周围的重要人物承认和肯定自己的某些方面时，我们就会开始重视这些方面。最后，这种观点优先考虑和重视的是咨询室的病人和他们的实际体验。我们不会根据其是否符合某些理论上理想的性发展概念来评判他们。

本书所介绍的就是主体间自体心理学的观点，是自体心理学在实践中的演变。主体间自体心理学建立在科胡特的自体心理学之上，并增加了一个不可或缺的理念：病人喜欢的，医生也喜欢。不仅病人有自体客体需求，医生也有。不仅病人给治疗带来希望和恐惧，医生也一样。在理解病人时，必须考虑到医生的主观性，反之亦然。它们是相互影响的。每位病人和每位医生都是带着自己独特的内心世界来到咨询室的；每一对精神搭档都会创造出一种全新的炼金术组合。

主体间自体心理学看性：什么更重要

在诗集《什么最重要》（*What Matters*）之中，梅·斯文森（May Swenson）优美地描述了我们经常忘记或从未学到的：我们所渴望的和所爱的人不是我们自己可以决定的，因此“目标并不重要”。

尽管在我的职业生涯早期，我曾对科胡特的观点感到犹豫，因为他把性贬低为另一种自体客体需求。但是在实践中，我却理解了自体客体需求是心理变化的基本要素，性欲只是自体客体渴望的一种表现。性和性欲虽然很重要，但科胡特是对的：性不是人类动机的全部，而是一种体验。临床上，从自体客体需求的角度来看，性是最有用的体验。

事实上我发现，具体地考虑起来，性取向并没有我想象得那么重要。许多男同性恋来找我是因为他们想要找一个公开同性恋身份的心理治疗师。他们经常认为我比异性恋或女同性恋治疗师更能理解他们。我确实对男同性恋有文化上的理解力——也就是说，我熟悉美国的主流文化，熟悉以美国城市白人为主的同性恋亚文化群体，我了解他们的性行为、文化背景，以及他们特有的暗语。在与任何群体的病人一起工作时，文化理解力都是必不可少的。但是我和男同性恋病人的关系，成功也好，失败也罢，就像和非同性恋病人的关系一样。无论我是否理解他们，是否喜欢他们，是否能帮助他们，最终都与他们或我的性取向无关，而是和除了性之外的人格有关。

性少数群体（LGBTQ）* 病人至关重要的希望和恐惧与其他病人的也一样，除了前者不得不接受他们对自己和对外界的性取向和性别身份的认同，并且可能仍在为此而苦苦挣扎。他们每天都在为这些斗争而痛苦或死亡，但是他们并不是天生如此。性少数群体是文化的产物。他们也是在家庭和文化中长大的，通常它们都敌视非异性恋及其性别身份和表达。

其实，没有性少数群体病人这么一回事，就像没有左撇子病人或蓝眼睛病人一样。如果没有外部环境的偶然因素，所有人与生俱来的希望和恐惧就都是一样的。我们都渴望关系——浪漫的、性的和柏拉图式的关系，我们在其中得到认可、肯定、渴望和保护。我们努力创造、发展和成长。我们想要爱和被爱，想开怀大笑。我们希望为世界贡献一些独特的东西。我们寻求身体、性、情感、审美和智力上的满足和快乐。

令我自己惊讶的是，我现在认为自体心理学缺乏关于性的发展理论是非常有用的。原因有二：首先，因为历史上的精神分析关于性发展的理论一直对性少数群体怀有敌意。其次，因为性发展理论的缺失让临床医生可以自由地与每个具体的病人接触，而不会对他们的性取向产生偏见。当我们这样做时，我们可以理解、促进、接纳每个病人独特的性发展。正如已故跑步运动员兼哲学家乔治·希恩（George Sheehan）常说的那样："我们每个人都是一个人的实验。"

在精神分析的性发展理论中，有诸如喜欢性交、一夫一妻制、顺从身体上的性别、异性恋的男性是赢家，而其他人都是失败者等观点。这些观点被美国的精神分析家编纂出来并加以强化，成为贬低女性的伪科学理由，也用来诋毁同性恋，以及其他不能被强求一致地统一为"正常"性行为和性别角色的人。

任何规范的发展理论，都必然把人分为健康的人和不正常的人。无论创建理论者的意图多么好，他们的想法都不可避免地会被某些人用来伤害他人，并把某些群体排斥在外。而性少数群体就受到了精神分析健康性发展理论的极大伤害。理论上对同性恋造成的伤害也如上所述。

直到1974年，美国精神病学协会（APA）才屈尊不把同性恋作为一种精神障碍，而直到1990年世界卫生组织（WHO）才跟着这么做了。而精神分析理论对性（和性别）的多态性敌意的时间要比接纳的时间长得多。

我真的不希望由精神分析来决定性和性别发展应该如何进行；在理解自己的性取向和性别认同方面，我的病人通常和我这个心理治疗师做得一样出色。

事实证明，找出性取向的原因已经顽固地阻碍了我们去理解病人。对于一些人来说，性欲的对象在几十年或一生中都保持着稳定和一致。而对另外一些人来说，性欲的对象、强度和目标可能会发生变化，这取决于自体客体需求、自体发展或外部环境。而且当一个人感到自己的性取向可以被他人接纳时，几乎总是会发生变化的。

我们现在明白，同性恋本身既无所谓健不健康，也无所谓是否病态，就像异性恋本身既不好也不坏一样。同性恋是众多性取向中的一种。任何性取向都可能具有防御性、进步和促进发展的特点。

病人对自己性取向的接纳，几乎总是取决于那些对他们重要的人是否接纳。因此，治疗师对病人性取向的理解和接纳程度会极大地影响病人对自己性取向的理解和接纳。我们不是在真空中发展的。对我们重要的人，也包括人群、文化团体和机构，是接纳，还是拒绝，这对我们影响至深。

治疗师不能接纳病人的性取向或性别表现，意味着病人的前缘渴望（渴望被确认为一个完整的人）与治疗师的后缘防御（拒不接受病人的性存在）发生了冲突。科胡特的一些同性恋病人，比如说 A 先生，就可能发现自己陷入的正是这种困境。

这样的碰撞会产生严重的后果。治疗师不能确认病人的性取向（或性别认同），就可能会妨碍病人对自己性取向（或性别认同）的认可或接纳，这些想法和感觉往往是无意识的；如果病人感觉到治疗师不能接纳他们，那么自体中至关重要的部分、性或性别认同就可能会保持在意识之外，无法被探索。

正如保罗·奥恩斯坦（Paul Ornstein）所解释的那样：

> 随着病人感觉被更深入地理解，潜意识开始出现。但是从潜意识中浮现出来的东西是流动的，不仅取决于病人的过去，还取决于分析师和病人之间的关系。由于害怕再次受到创伤，某些东西变成了潜意识的。由于对婴儿或儿童的回应不足而导致发展无法进行时，心理结构的发展就会出现缺陷。所以潜意识的东西就是造成发展缺陷的东西，这是成长需求受挫的结果。潜意识是所有从未得到充分回应的内容。缺乏共情的回应造成了自体的缺陷，而这些缺陷则被阻止情感状态出现的防御结构所填补。曾经的知识和病人经验的一部分，通过压抑或解离被挡在了当前的经验之外，但这总是发生在两个人的关系中。
>
> （Geist，2015）

弗洛伊德对潜意识的理解则不同。如上所述，他认为人类的动机是性和攻击性。礼貌的外表让我们能够在社会中发挥作用，但却使我们无法意识到这些驱力，从而导致它们以扭曲的形式被表达。治疗师必须撕掉外衣，并向病人展示他们的“真实”动机。

按照弗洛伊德定义的，心理治疗的目标是勇于面对真理。

唐娜·奥兰治（Donna Orange，2011）将这种方法描述为属于“怀疑诠释学”的方法：弗洛伊德透过一个人的思想或行为去深入寻找他早已知道的敌对或性驱力。弗兰克·拉赫曼（Frank Lachmann，2008）在谈到他在这一传统中受训的经历时写道：“人们通过观察一个人的行为来寻找行为背后的‘真正’动机。那些看似善良、慷慨，甚至是表达感激和欣赏的行为，实际上隐藏着卑鄙的、潜意识的动机，即攻击和自恋的动机。”（第4页）

弗洛伊德认为，病人会欺骗自己和治疗师。他们宁愿不承认自己的欲望和敌意，并且试图骗过治疗师。根据弗洛伊德的理论，治疗师其实知道得更多。

科胡特对病人的看法（实际上是对人类的看法）是完全不同的。他相信我们在努力建立真诚的、关爱的关系，除非这种愿望被严重挫败，并因早期不共情的关系而扭曲。他相信他的病人比治疗师更了解自己的感受，以及如何理解自己的动机。科胡特主张，先处理病人告诉我们的显性内容，再考虑潜在内容。

这种观点属于奥兰治所说的“信任诠释学”，而自体心理学建立在对人最好的假设之上：人们都在尽他们最大的努力，即使他们做得并不好；我们工作的正确起点是让病人相信他们所说的话，而不是认为他们在欺骗自己和治疗师；暴力行为、幻想，或者分离的性，并不是人类最基本动机的表现，而是病人的需求与重要人物所提供的东西之间不匹配的结果。

临床案例

在与南希（Nancy）一起工作的第一年，我的主要任务是让她活着。与她交往六年的男友埃里克（Eric）突然结束了他们的关系，南希崩溃了。

南希早年的生活很可怕：五岁时，她的母亲抛弃了家庭。她的父亲对她进行了身体虐待；她的两个姐姐是她生命中可靠的人，她们一有机会就从家里逃走，九岁时南希被独自留在父亲身边。在学校里，她被其他女孩取笑和欺负。

在我们见面之前，她曾多次企图自杀；当我们开始一起工作时，她也经常想要自杀。埃里克离开后，南希开始玩一场可怕的“游戏”。她在曼哈顿一座摩天大楼的22层工作，有几个晚上，在她的同事离开后，她会打开办公室的窗户，然后坐在窗台上。她会让身体向前倾斜，直到觉得自己快要掉下去了，才抓住自己，恢复平衡，然后再做一次。她不确定自己是想活，还是想死，而这“游戏”表现了可能致命的矛盾心理。

对我来说至关重要的是，我要与她建立信任关系，这样她才能依靠我。但是，南希对被抛弃的预警系统一向非常敏感。在埃里克离开后，这套预警系统就开始疯狂工作，任何关于我没有热情地鼓励她依赖我的暗示都会使她大为惊慌。结果就是她对我的信任建立得非常缓慢，这让我很害怕。

当南希几乎从窗台上摔下来时，这场危机就结束了。一天晚上，当她身体前倾时失去了平衡，她仿佛永恒地悬在半空中。南希拼命地寻找稳定的东西，她抓住了窗框，把自己拉了回来。她为活下去而奋斗——这让她感到惊讶——就这样，她自杀的冲动消失了，她的自杀愿望也开始减弱。

随着危机的避免，我们开始着手构建自体结构的长期工作。也就是说，我们创造了以前不存在的心理能力：例如，让自己镇定下来和抚慰自己的能力。根据主体间自体心理学的观点，创建新结构和修正已有结构是促进变革和发展的两个过程。

很长一段时间，南希在她焦虑的时候都是靠我安慰她来缓解痛苦的。她很容易失控，这有时会导致自杀的愿望。随着时间的推移，她已经能够自己应对大部分焦虑了。在极端情况下，南希仍然需要我来缓解她的焦虑。新的心理结构就是这样建立起来的。我希望这个过程能够继续下去，让南希能够在没有我的情况下应对越来越多的焦虑和恐惧。

这种前缘的需求，需要在情感上保持，这与我感觉有用的前缘需求很吻合。我对病人的这种需求，主要源于我与已故父亲的关系。在我童年的时候，父亲慢慢地陷入了酒精和抑郁的黑暗之中，我试着以孩子的方式拯救他。有时候，我强迫自己和他坐在一起，一坐就是几个小时。他在黑暗中喝酒，我假装很感兴趣地听，听那些我已经听过一百遍的故事。也许，如果我给他所需要的关注，他就会决定重新活下去。

有一次，父亲和母亲发生了一场特别令人不安的争吵。之后，我和父亲坐在屋前的台阶上，我问起他们的蜜月，觉得让父亲回想起对母亲的温暖感觉可能会修复一段即将破碎的婚姻。

而且我相信，有一天我会说出可以治愈他的那句话，只要我能用正确的顺序准确无误地说出正确的词语，就像魔法咒语一样。可是，我失败了。

我希望拯救他，这是一种前缘的愿望，我希望通过帮助我的病人来让自己感到有用。但是我有时愿意承担超出我能力范围的事情，这可能会导致一种后缘的恐惧，即害怕被压垮的恐惧。

因此，当我安抚南希的焦虑，她的症状也有所减轻时，我感到非常满意。她更快乐，自体也更不容易崩解，她表达了她的感激之情。这些回应证实了我的信念——我在帮助她，我的信念帮助她信任和依靠我。我们对彼此的回应，在一个肯定的循环中相互加强，满足了我们的前缘需求。

当南希觉得我不愿意或无法照顾她时，我们就会遇到波涛汹涌的大海。当我因为试图做太多事情而不知所措时，她会感觉到我的后缘焦虑，而她对被遗弃的后缘恐惧会占据主导地位。南希因愤怒和羞耻而退缩，并出现了自杀念头。然而，如果我证明我愿意恢复理想自体客体的责任，自体客体移情最终就会得到恢复。

我重新树立自己是值得信赖的人的形象，修正南希已有的心理结构。也就是说，南希的错误观念是她认为没有人想要照顾她，每次我纠正她的这个观念时，她的想法就会发生细微的变化。通过反复推翻后缘信念，这些错误信念就慢慢地改变了，这就是修正已有心理结构的方式。在南希的案例中，她认为自己不能依靠任何人，因为没有人愿意帮助她，她的防御性信念被证明是错误的，至少在每个特定情况下都是如此。多年来，许多这样的例子让她相信有些人会帮助她，我也会。

十多年来，南希一直没有再出现自杀的危险念头了。虽然她仍然有自杀的幻想，但不会采取行动。我认为这证明了强大连接的力量，包括理想化自体客体移情在内。重要的心理结构已经建立，现有的防御结构已经修正，南希更加自由，也更加快乐。

南希的性取向不需要矫正。从青春期开始，她就认定自己是异性恋。她与男性发生性关系，享受其中，并且从未对女性有性吸引力。她的异性恋是一种稳定的特征，一种必然，直到这一切被改变了。

在我们一起工作了大约七年之后，南希发现自己被办公室里的一位名叫娜奥米（Naomi）的女士所吸引。对娜奥米的渴望和爱把南希迷住了。娜奥米对南希也很着迷，她们开始约会。与娜奥米发生性关系令人兴奋，而且这让南希感觉与娜奥米有着深深的连接。

她们约会，而后结婚了，现在是一对幸福、稳定的伴侣。娜奥米想要个孩子。南希仍然喜欢男人，但更喜欢娜奥米。她是双性恋，我们没有预见这一点。

没有任何性发展理论可以解释南希突然从异性恋转到同性恋这件事，而且是毫无矛盾的转变，但是主体间自体心理学帮助我理解了这一点。

南希的性取向不是我们关注的对象，她的自体和自体需求才是。南希需要将我理想化，从我身上寻找她所缺乏的情感品质。我抚慰她，安慰她的恐惧，提供关怀，并给予她我的信心。她的自体得以凝聚和发展是因为我提供了这些自体客体功能。从这个更稳定的自体开始，南希的特殊发展让她接受了同性恋。

有些人的性取向和性别认同比其他人更不稳定。一旦自体变得更加坚定，南希的性取向就有了更多的表达空间。我认为，女性无法成为南希潜在的性伴侣和浪漫伴侣是因为她早年生活中最重要的女性——先是她母亲，然后是她的姐姐们——都抛弃了她，从而造成了毁灭性的后果。但是，多年来与分析师建立起来的促进变革的关系让南希的同性恋倾向得以浮现，因为她有了信任一个人（分析师）而且是不让自己失望的新体验。在学会信任我（分析师）之后，南希开始能够信任女性，从而让她的同性恋倾向显露出来。南希的性欲不再排斥女性。

如果不了解她的自体及自体需求，就无法理解她的性取向。不过，南希对此并不感兴趣。她很快乐，她的关系很健康，后来性取向的转变并没有让南希忧虑。她是在做一次尝试，而且进展顺利。

南希的性别认同及其表现是这个故事的另一部分。她一直讨厌女孩的衣服，不喜欢女孩的游戏和玩具。每个生日，她都希望得到一个男孩会期望得到的礼物——一把玩具枪或一个美国大兵玩偶，但当她打开属于女孩的生日礼物——一件衣服或一个洋娃娃时，她彻底失望了。也许是因为打破常规的性别表现，南希被其他女孩冷落和嘲笑，但她不知道自己做错了什么。南希以为自己当男孩会更快乐。在青春期，她讨厌自己发育中的乳房；而成年后，她也从未觉得乳房属于自己。

她对身体的不适感一直持续着，但并不很强烈。直到我们一起工作了 11 年后，她才愿意谈论这件事，当时她决定进行双侧乳房切除术。

在成年后，乳腺癌杀死了南希的两个朋友，南希担心自己可能是下一个。在得知她患乳腺癌的风险很高后，她很快决定进行预防性乳房切除术。她相信手术既可以消除焦虑，又可以消除患癌症的风险，让她觉得自己的身体更舒服。我却不那么乐观，因为我担心她在没有充分考虑结果的情况下急于接受这个大手术，只是想以此来缓解自己焦虑。我对南希的性别认同和想要平胸的愿望没有任何判断，但我想确保她已经考虑过手术的严重后果。

这一次，南希缓解了我的焦虑。她相信这次手术适合她。她想要摆脱癌症的威胁，也确信她会喜欢平坦的胸部。我们讨论了这件事，在手术的时候，我被说服了。

我不必担心，南希是对的。她的新胸部让她非常高兴。她有生以来第一次感到完全舒适。她终于觉得自己拥有了正确的身体。娜奥米鼓励南希做乳房切除手术，她对南希的身体也很满意。南希有生以来第一次穿上衬衫和罩衫，并把人们的目光吸引到了她的上半身。她喜欢带亮片的上衣。她感觉没有乳房比有乳房更能表现出传统的女性气质。

这就是南希的发展轨迹。当她照镜子时，她看到腰部以上是男性的、腰部以下是女性的。据我所知，没有任何发展理论能解释她内心深处的愉悦和满足感。她的发展过程是奇特的，既无法预测，也无法复制。随着南希的自体发生变化并发展——在她和我的关系背景之下——她的性取向和性别认同也是如此，因为它们根植于更广泛的自体背景之中。性和性别认同是自体的一方面，而不是独立于自体发展过程之外的品质。

结论

性取向和性别表现是自体的重要组成部分。一些人会因性取向和性别表现而引起生活中重要人物和周围世界的否认、困惑、愤怒，甚或是极端厌恶。对这些人来说，当治疗师与他们感同身受时，他们的感激之情会很强烈，这有助于建立一种牢固的合作关系。

精神分析对性别认同的态度目前正在发生变化，类似于 20 世纪 70 年代、80 年代和 90 年代对同性恋态度的改变。分析师越来越多地支持病人自己确定自己的性别认同。即使是在他们通过寻求我们的帮助来确定时也是一样的。我们假设病人必须符合两种性别之一，这对他们来说是一种伤害。南希应该选哪个？

这种接纳有两个有益的结果。其一，它不需要临床医生确定病人的性别认同是病态的还是健康的。这使得心理医生不必再去探究病人的性别认同是如何形成的，这是一项为纠正历史上“不可接受的”性别认同而开展的事业。

其二，假设任何性别表现都可以是健康的，或者是防御性的，心理医生就可以专注于最基本的任务：认真专注病人的主观体验（包括病人对心理医生的体验），其目的在于启发和强化病人的自体，包括病人自体中性取向和性别认同的部分。

在性别和性的领域中，心理医生不需要预先假设什么是健康的或病理的，这让我们能够理解和接纳每个个体的性和性别体验，特别是考虑到什么是有益的或有害的。我们可以深入探究某个特定的人——同性恋、异性恋、双性恋、无性恋，酷儿，本性别者、变性人，或性别不一致者——他、她或他们的性和性别体验是怎样的。

这种对性少数群体（LGBTQ）主体性的肯定对于他们来说是一种安慰，因为他们可能已经体验到了偏见，甚至更糟糕的对待。对于自体从未得到完整肯定的人来说，这才是最重要的。

注释

1. 我感谢贝蒂·罗斯巴特（Betty Rothbart）对初稿的仔细阅读和很好的建议，以及凯茜·罗伊（Kathy Roe）的出色建议；我也很感谢肯尼斯·万普勒（Kenneth Wampler）的支持。长久以来，他们鼓励我一步一步完成了本章的写作。
2. 科胡特将自体定义为我（译者注：英语中的第一人称单数“I”），我们认为自体是：一个在空间和时间上具有内聚力的、有界限的实体［埃尔森（Elson），1987，第 18 页］。

* 译者注：LGBTQ，性少数群体。来自女同性恋（lesbians）、男同性恋（gays）、双性恋者（bisexuals）、变性人（transgender）和酷儿（queer，指非异性恋或不认同出生时性别的人）的英文首字母组成的缩略词。

第十三章

自杀的病人

上气不接下气

劳拉·迪安吉罗

* * *

“你是不是觉得音乐停止了，所有的椅子都被占了？”这就是我为《今日心理学》所撰写的广告开头。佐伊（Zoe）坐在我的办公室里，恰恰应了这句广告词。她的眼里含着泪水，她说“这正是我的感受”。31岁的佐伊是一位非常出色的短篇小说家。她身着亮蓝色连衣裙、牛仔靴，嘴唇上涂着红色唇膏，她的手臂上有文身。她告诉我，她是一名女同性恋，而且是个胖子，正积极参与一项反对肥胖羞辱的运动，鼓励人们不管胖瘦都要爱自己的身体。

向上一位治疗师讲述她的经历让她很痛苦。但她解释说，她是一个需要治疗和药物才能活在这个世界上的人。她的直率给我留下了深刻的印象，这种直率似乎可以克服羞耻感。在我的鼓励下，佐伊详细讲述了她抑郁发作、住院治疗和自杀未遂的历史。

她在13岁时吞下了一瓶药。在27岁与恋人分手后，她想割腕自杀。我通过记笔记来掩盖我内心的焦虑。一个景象映入我的大脑：到处都是血，我想象着室友在地板上看到佐伊尸体时的惊恐表情。我的思绪又快速跳到了另一个假想的场景，没有人能救佐伊，她的治疗师拿着电话，得知她已经走了，震惊在当场。我在想：我给自己惹了多大的麻烦啊？佐伊感觉到了我的焦虑，她说："但我永远不会对你，或任何给我治病的人做出这种事！"

一年后，佐伊开始有了严重的自杀倾向。被情人背叛，接下来又被我欺骗，她会租一辆车，用车排放出来的一氧化碳自杀。在心跳加速的十个小时里，她不断写着痛苦的短信，疯狂拨打着911的电话，最后是写遗书和可怕的沉默。

希望和恐惧

精神分析师安娜·奥恩斯坦（Anna Ornstein，1991）写道，我们的创伤越多，我们就越害怕再次受到创伤。我们的恐惧构成了移情的后缘，在移情的过程中，童年的病理会无休止地重现。但是，治疗也包含着成长和治愈的希望，这构成了"向前"之缘或前缘（Tolpin，2002）。在主体间场中，分析师和病人在希望和恐惧之间来回摆动（Mitchell，1993；Stolorow，1995）。当分析师和病人的受伤部分发生碰撞时，二者就都被迫重新体验过去的痛苦。在这场挣扎之中，蕴藏着解脱的潜力。很少有文章涉及精神分析如何激活分析师和病人之间双向的过程，这个过程对病人和分析师都是疗愈性的。发生在分析师和病人之间的事情，可能看起来像是私事，但它会产生连锁反应，促进我们的家庭、社区和更广泛的文化上的疗愈。

难以摆脱的重复

我马上就喜欢上了佐伊。她非常聪明且机智。我欣赏她能够向我展示自己内心的黑暗，以及她是如何利用自己对死亡的恐惧和迷恋，使之成为一种创造性的力量并让她的写作充满活力的。死亡是她的缪斯女神。“我的生活就是个地牢，”佐伊写道，“我活不下去了。”

但是经过几个月的治疗，我注意到我对她的喜爱并没有转化为我们工作中的自由。在我们内部和我们之外的一种力量，塑造着主体间空间。佐伊害怕我们的关系无法维持下去，这源于她与厌食症的母亲和姐姐的关系，她们在佐伊身上看不到自己。我知道她害怕我和她们一样，会因为她贪吃而羞辱她、瞧不起她。她的忧虑使我畏缩不前。我们大气都不敢出，小心翼翼地试探彼此。

佐伊坐在我对面的椅子上，寻找着有关我不可信的线索。她用一种乐于助人的口吻说“我认为那个时钟慢了几分钟”。接下来，她又说：“你书架上的两本书放颠倒了。”她道歉，嘲笑自己的过度敏感。我在心里记着要调准时钟、把书摆正，还要让自己振作起来。当她谈到她发现一个自己很信任的朋友曾经写过一篇羞辱胖子的文章时她多么痛苦，我僵住了。毫无疑问，佐伊已经在我的作品中找到了鄙视肥胖或反同性恋的痕迹。作为一个异性恋、“正常体型”的女性是值得怀疑的，佐伊会对我想让她减肥的任何迹象保持警惕。在这个充满着小心翼翼的空间里，连接的瞬间终于来到了。佐伊感觉到她的爱人即将离她而去，这让她心生恐惧，我为此而触动。她瞟了一眼走得太快的时钟，然后又飞快地瞥了一眼墙上更可靠的计时器，接纳了我的共情。她有些慌，她说："噢，不！我们快要结束了。"她睁大了眼睛，而我感到内疚，因为我无法向她提供她想要的东西。她说："对不起，我太需要你了。"结束会谈吓坏了她，她的惊慌引起了我的担忧，我可能帮不了她。或许我真的很古怪或很挑剔。任何自发的举动，都可能释放出我隐藏起来的坏毛病。我在潜意识里希望我的善良和坚韧能得到她的肯定。我也是个胖子！我也是同性恋！

现在回想起来，我明白佐伊和我都是在潜意识里为彼此准备了一出戏，这出戏将展现我们自己最棘手的部分：佐伊一心求死的部分和求救的部分。而在我这边则是觉得有必要拯救她的部分和年轻的自己承担了所有邪恶的部分。那些不同的部分在分析中的某一阶段搅在了一起，从而产生了一种逆反的行为。

我们一起工作了几个月后，佐伊开始感到她是可以被我接纳的。我是一个善解人意的大姐姐，一个在佐伊身上看到了自己的人，而佐伊也可以在大姐姐的身上看到她自己（Togashi，2009）。密友体验在移情中占据一席之地。当佐伊得知我是"女权朋克"的粉丝，并很欣赏她最喜欢的诗人的作品时，她感到如释重负。当我对她的体验有所理解时，她会记下来，她觉得我了解她。相似的体验让她渴望得到一个她可以仰慕的女人的爱。我感到了她的重视，也不再被怀疑了。她瞥了一眼沙发，问我是否一周三次会见来访者。我说："是的。"佐伊说："哇！ 你一定很喜欢他们。"我被她的说法逗乐了，分析中的病人是我最喜欢的。"你想一周来三次吗？”我问。她脸红了，她一直希望我能向她发出这样的邀请。

死亡的折磨和缪斯之神

我了解到，佐伊对死亡的迷恋源于对存在的恐惧。她在很小的时候哮喘发作，被急诊室医生抢救过来。她至今还记得她的母亲坐在她的床边，紧盯着她的每一次呼吸。当她描述这一幕时，我又回到了那个早晨——我妈妈抱着我1岁的儿子冲进了我的卧室，她尖叫“他无法呼吸了！”。我儿子脸色苍白，眼睛凸出，艰难地喘着粗气。他的小肚皮剧烈而艰难地起伏着。最糟糕的是他脸上恐惧的表情。我们冲进医生办公室，我儿子被注射了能救命的泼尼松（一种激素），打通了气道。几个小时后，我们在药房里拿着一大堆医疗用品，这些将成为我们生活中的必需品：药物雾化器、塑料呼吸面罩和软管。每天早上和晚上，他都得用它们吸入沙丁胺醇和一种叫普米克的激素。我永远不会忘记对他随时可能因窒息而死的恐惧。直到现在，17年过去了，当他从大学回来时，我还能听到他可怕的咳嗽声。在一纳秒的极短瞬间，在房子的任何地方，即使我睡得很沉，我都能分辨出他的咳嗽是正常的还是支气管发炎了。

我想象着，佐伊的母亲看着佐伊睁大的眼睛和渴望吸入空气的眼神，我对她的母亲感同身受。但更多时候，我会被佐伊拼命争取母亲的爱和接纳感动。佐伊的母亲患有饮食失调症，在怀上佐伊之前重达90磅。自那以后，她增加的体重一直是她痛苦的根源。到佐伊四岁的时候，她的母亲开始为佐伊小小身体上的肥肉发愁。她把佐伊拖到节食者的聚会上，小女孩尽职尽责地按照减肥指导手册上的要求只吃胡萝卜和辣椒。面对母亲的体象障碍，佐伊和比她大三岁的姐姐开始表现出两极分化的反应。佐伊的姐姐变得瘦得要命，而佐伊则变胖了。她的姐姐可以吃很多纸杯蛋糕和薯片，但这些好吃的东西都被锁起来了。佐伊说："如果你想让孩子变胖，就让她减肥吧。"

周末的时候，父母会把她留在爷爷奶奶家。她记得当爸妈开车离开时，她哭得伤心欲绝。接下来的恐怖存在于记忆的碎片中。佐伊回忆起她的祖父，他浑身散发着酒精和恐怖的味道，并把她带到树林里的一块空地上，在那里一次又一次地对她实施了性虐待。

五岁时，佐伊拒绝上学；她确信她的母亲会死。佐伊的母亲对她多年来的学校恐惧症感到愤怒。她打了佐伊，并把她锁在卧室里，只在上厕所和吃饭的时候才让她出来。"她还能做什么呢？"佐伊问道。她父亲不在场，她也没能阻止她的母亲。佐伊故事中永恒的主题融入了我的故事中。我们都是被驱使的孩子，为了让我们的母亲活下去。这样我们才能活下去。

13岁时，佐伊开始割自己的手臂、胸部、腹部和大腿，她说那是"我最胖的部分"。与此同时，佐伊的姐姐差点饿死，她因厌食症而住院。她的姐姐被认为是冷酷无情、野心勃勃的。而佐伊则与此相反，她总是需要别人的帮助且多愁善感。佐伊搬出去后，她妈妈养了两只狗，"瘦子"任性而独立，"胖子"忠诚而敏感。有一天，佐伊在治疗时把这些都想起来了，她喘着粗气说："哦，天啊，我妈妈把我变成了一只狗。"

在支持胖子运动中，佐伊找到了救赎。她接受了一种新观念，在任何体型下都可以保持健康，并批评那种让女性挨饿的文化。在这样的环境中，她觉得自己很可爱也很受欢迎，最重要的是，她觉得自己有归属感了。肥胖就该死的残酷内心声音软化了，这让佐伊找到了强大的女权主义声音。

当音乐戛然而止

心理治疗的第一年，佐伊试图挽救与爱人山姆（Sam）的关系。山姆是一个顽皮、滑头且饱受创伤的女人。她曾说过她喜欢佐伊的身材，但后来与佐伊分手了，又说她不能和胖子在一起。佐伊告诉我，她们在谷歌上搜索到了我，在网上看到我玩非洲鼓。当佐伊无法拥有自己的生命时，我为我展现活力的方式感到尴尬。佐伊和山姆在我的心中安了家。我会发现自己和她们在我的梦中一起度假，并为此感到惊慌。“我做了什么？”醒来后，我会试图找条出路。“我会建议我们去看电影，这样我们就不用互动了。”

山姆溜走后，佐伊陷入了绝望的状态。有一天，佐伊哭着告诉我：“为了不让她离开我，我得完全平静下来。”我对佐伊的自我对话感到不安，这种自言自语变得越来越残酷和痛苦。她对死亡深思熟虑，她含蓄的自杀威胁成了山姆的死穴，这让山姆重温了自己与自杀女性的创伤史。

冲突

就在圣诞节前几天，山姆打破了它。佐伊悲伤地走进我的办公室，以一种令人毛骨悚然的方式断断续续地诉说着她的痛苦。死亡潜伏在她倦怠的绿色眼睛里。我们之间的空间感觉很模糊，毫无生气，而她又显得那么遥远。当我们谈到要住院治疗时，佐伊大发雷霆。她恳求道："哦，请不要让我走！我不能回去。这太可怕了！"我们同意让她住在父母家里，不让她一个人待着，我们将每天通过电话联系一次。佐伊在电话里用含混不清的声音告诉我："我被绑在床上了。"她描述了自己的幻想，即在封闭的车库里吸入父母汽车排出的致命尾气。幻想给了她安慰，也让我失去了理智。我告诉她："我理解你想摆脱痛苦的愿望。但如果你让这个自杀的部分做决定，那就无法挽回了。"佐伊向我保证她不会自杀，她只是需要谈谈。她的保证越来越空洞。"我的存在很复杂，"她说，"我不是为这个世界而生的。"

佐伊的内心世界完美地激活了我的内心世界。谁可以生、谁可以死的问题一直困扰着我的童年。我记得我五岁时，母亲用拇指挡住了父亲砸向她的一个沉重的玻璃烟灰缸。我看见血从她的手上喷涌而出，就像喷泉里喷出的在空中呈拱形的水一样。我无法用语言来形容这在我心中激起了什么。和佐伊一样，我在内心最深处害怕我的母亲会死，这意味着我会死。我得让她活着，这样我才能活下去。我希望母亲能被父亲的脾气吓倒，这能让我的工作变得轻松一些。但与此相反，她是一个无所畏惧的挑衅者，在冲突中刺激父亲，看不起他大学教授的地位，称他为"有博士学位的强盗”。我挡住了父亲的愤怒，替她挡了子弹。我被称为“坏小子”，冷酷无情且无可救药。把邪恶投射到我身上为他们洗脱了罪名，让我有了一个不可动摇的信念：我的内心是邪恶的，是他们痛苦的根源。这成了我讲述的关于自己的故事。事实上，我只是听过这些故事。

对于佐伊和我来说，我们童年的大锅正在翻腾着。她生活在自己过去的地牢里，觉得自己对周围的人来说太过沉重，不如死了才好。我被我的过去紧紧抓住，我需要让她活着，这样我才能活下去。但死亡笼罩着她，绝望猎杀了她。恐慌让我如触电一般。恐惧、绝望和重复充斥着主体间场，这对我们俩来说都不是建设性的。

佐伊在电话里告诉我，她内心斥责的声音越来越残忍，说她恶心，一文不值。与之相抗衡的是一个甜言蜜语的自杀的声音，提供有用的建议。比如，也许她应该饿死自己，以便能塞进一个标准大小的棺材里。

沉浸在关于自杀的文学作品中，我为自己的生存编织了新的论据。“自杀是会传染的。”我说，“当你自杀的时候，你通过你的影响力间接地杀死了数百人。”佐伊不为所动。“如果你能挺过难关，未来你会感谢自己的。”隔着无形的距离，我感到佐伊耸了耸肩。我的干预是对我自己无能为力的保护。一位抑郁的朋友告诉佐伊：“自杀倾向就像是发烧，它会消退的。”这给了我们一个有用的隐喻。几周后，烧确实退了，佐伊回家了。

回到我办公室的第一天，佐伊画了眼线，外眼角向上扫，使她的眼睛显得大而撩人。她递给我一张圣诞贺卡。“谢谢你的无私奉献，你是我遇到的最好的心理医生。”我被她的感激所感动。她说："我想，如果没有你，我就活不下去了。"当我关上门时，我感到自己被这种让另一个人活下去的责任压得喘不过气来。

我们一起上气不接下气。佐伊暂时回归她的生活，继续工作，重新联系一些朋友。但是当她发现山姆有一个情人的那一天，她的心情又变得很糟糕。她租了一辆车，打算吸入一氧化碳自杀。开车穿过城市，她和山姆陷入了一场痛苦又高风险的争吵。山姆拨打了 911，但佐伊拒绝透露她的位置。晚上 11 点，山姆用一条惊慌失措的短信来提醒我。我给佐伊打了电话，但她没有接。她给山姆发短信："做得不错，让劳拉也加入进来。"我感到害怕和困惑。佐伊是不是像小孩子捏蜘蛛腿一样把山姆吊了起来？她会为了泄愤而自杀吗？在最后一条短信中，佐伊向我保证她会在第二天来见我。我相信她，是因为我不知道如何不相信她。

山姆给我发短信："我必须一直给她发短信吗？什么时候停止？"我告诉山姆，只要还能照顾自己，该怎么做就怎么做，我就去睡觉了。早上我在收件箱里发现了佐伊的遗书：

> 我爱你，但我不明白你为什么要告诉山姆今晚不要和我说话。我以为我可以信任你……请不要担心，相信我所做的一切都是最好的。活着太累了。

佐伊在被前女友背叛后，现在感觉又被我背叛了。恐惧，我相信是恐惧把佐伊推向了死亡的边缘。距离她给我发电子邮件已经过去好几个小时了。我打电话给她，她没接。我惊恐地想象着晨跑的人发现佐伊的身体瘫倒在方向盘上。我打电话给医院急诊室，打报警电话 911，派警察去她家。

几个小时后，我觉得佐伊已经死了。我终于通过她的室友找到了她，她走进佐伊的卧室，把手机递给佐伊。佐伊说：“我只想一个人待着。”她还活着，我就放心了！然后我大发雷霆！我意识到佐伊想让我相信她已经死了。她不仅拒绝接受我的好意，还把这份好意吐出来，就像吐掉酸了的牛奶一样。

给前缘一席之地

我挂了电话，感觉又被弹回到一个老地方，在那里我既是杀手，也是可被杀的人，是背负着所有邪恶的人。然后我第一次明白，我不再是那个孩子了。我强迫自己觉察被困在危险境地的可怕感觉，并意识到我现在可以做出不同的选择。我可以斩断拯救母亲的那种被奴役关系。我在这样做的过程中将自己从后缘中解放出来，把自己从背负所有坏事的孩子中解放出来。我决定要做点什么，我一直在那里照顾佐伊，现在我需要要求她做点什么。在下一次会谈中我告诉佐伊，只有不以自杀相威胁，我才会和她一起工作。

> 我很执着，我也很在乎你。我可以和你一起走到那个边缘，但我无法阻止你自杀。如果发生这种情况，我会很难过。但我不能和你进行权力斗争。你赢定了。

这是我第一次这么自信地说这样的话。佐伊需要听到这个，还有我自己害怕的部分。

佐伊既沮丧又挫败，几乎不敢看我。她说：“我不确定我能不能满足你对我的要求。现在我总是有点过分。这不会有好结果的，让我们停下来吧。那样，我就不会把你拖下水了。”

我们在泥泞中摸索了好几个星期，然后达成了共识，这让我们能够处理彼此之间的悲伤、愤怒、背叛和绝望的感觉。慢慢地，佐伊重新出现在了人们面前。她开始写作。虽然她很伤心，但她并不想自杀了。与驾车驶向死亡的黑暗日子相比，这段时间感觉就像是一次快乐之旅。佐伊和我一起加入了密友体验，分析性探索开始流动。我们一起谈论她的未来。她重新投入写作之中，获了奖，也赢得了享有盛誉的职位。我为她感到骄傲。

但这并不是故事的结局。众所周知，旧主题会找到支配我们生活的新方法。一年以后，佐伊陷入了另一场抑郁——她和妈妈闹翻了。佐伊社团的一位领导者，她敬仰的朋友，在酒店房间自杀了。这个令人震惊的消息传遍了整个社团。佐伊无法抗拒每晚醉醺醺的哀悼聚会的诱惑，并在醉酒后含混不清地说出自己的自杀幻想。佐伊与死去的朋友有着相似的经历，她一直在纠结那个女人是怎么自杀的。她找到了该女子购买窒息工具包的网店。佐伊的沉浸让我感到害怕。她内心邪恶的声音开始让她也这么做。那个声音告诉她，她令人讨厌，自杀对大家来说都是件好事。我很难给她开出每月的心理治疗账单。我内心的拯救者警告说“不要收紧绳索”。对伤害到佐伊的恐惧与我需要得到报酬的需求产生了冲突。它重新唤醒了邪恶的幻想，因为我很糟糕，所以我的需求就很糟糕。这一次，我追忆我的思路，这样我就不会被幻想的齿轮碾碎了。

我认为当我们认识的人自杀时，我们自己所面临自杀的风险更大。但即使是这些知识，也不会以同样的方式吸引我。佐伊缺席了我们的下一次会谈。我给她发短信，她没有回复。我没有像往常那样惊慌失措，也没有去找她的冲动。我重新找回了为自己争取健康的努力，我让自己清楚地知道，只要佐伊选择活着，我就只能陪她一起去黑暗的地方。

五天后，佐伊毫不掩饰愤怒地给我发了短信，说她辞职了，还停了所有的药，正打算放弃心理治疗。她补充说，没有必要担心，因为她很好。而且绝对没必要和任何人说这件事（指的是她去看的精神科医生贝拉博士）。我想，她是在对我没有顺着她而感到伤心和愤怒，她想惩罚我。

我给她发短信，催她来做心理治疗。她不理我，我就继续催她，试图接近她健康的自体。我说："你还没有回复我的短信，我知道如果有人这样对待你，你会感到受伤和被抛弃的。"

佐伊在约定的时间出现在了我的办公室。她告诉我，她朋友的自杀深深地震撼了她。最重要的是，她被她的母亲抛弃了，然后是我。她泪流满面地承认她重新开始割伤自己。每天晚上例行仪式，佐伊将空的皮下注射器的针头扎进手臂。她想试着来一次海洛因过量，这样即使她死了，人们也不会责怪自己。我们了解到，佐伊与母亲的关系很紧张，这让她陷入了极度的焦虑。伤害自己是防止进一步发展为自体崩解的一种方式。

邀请

当会谈结束时，我感到困惑。我记得她之前的短信含糊地说没有必要跟贝拉博士谈。对此我感到疑惑，于是我打电话给贝拉医生，询问那天早些时候佐伊在治疗中的表现如何。贝拉医生说："她看起来很好！"我们被难住了。贝拉医生是一位非常关心佐伊的精神科医生。她提议让她加入我和佐伊的下一次心理治疗，以便弄清到底发生了什么。我喜欢这个主意。

佐伊讨厌这个主意。她坐在我对面的椅子上，头向后仰，眼睛望着天空。她说："哦，他妈的！不！我不能让她看到我的这部分，我在她面前表现得不一样。我很抱歉。"

"你不需要道歉，"我说，"你在不同的人面前表现得不一样，我希望你对是什么导致了这样的情况感到好奇。深入探索是我们的责任。"

佐伊试图通过让我担心来得到我的关心，通过表现得很好来得到贝拉医生的关心。我说："从你的历史中，我深刻了解到你的每一个细胞都被校正成不信任任何对你友善的人了。所以你试图操纵别人对你的关心。问题是你不能相信自己所操纵的东西。"

我邀请佐伊相信我关心她的证据：我的一致性，我努力理解她，而且我对费用的慷慨。"你做什么或不做什么，都不会影响我关心你、在乎你。我发自内心的付出是不会被你操纵的。"我说，"此外，当你在自己的安排中得到关心时，你会觉得自己没有价值，并为此感到愧疚。"

通过让佐伊为自己的行为负责，我在佐伊面前展现的，是我在儿子面前所展现的最好的母亲形象。我已经摆脱了想要拯救佐伊的后缘。现在，我邀请佐伊把自己从早年体验的部分中解放出来，让她感到被爱。这些内在的部分没有给我们带来改变未来的希望，没有真正的爱和成长的可能性。他们只提供重复、限制和羞耻。

我们那次谈话之后是一个漫长的周末。然后，佐伊精力充沛地来到治疗室。“我在爸妈家里有了重大突破！”佐伊说，“我感觉多年的精神分析以一种爆炸性的方式把我聚集在了一起。”

她告诉我，在上一次会谈后她很生气，认为我不理解她。但她内心有个小小的声音敦促她保持开放。

> 然后我在父母家生病了，我意识到我只是想引起我妈妈的注意。大声咳嗽，无力地躺着。你说的是真的。这就是我试图让她关心我的方式，也是我对你所做的。和我父亲在一起时，我表现得好像一切都好，就像我对贝拉医生所做的那样。

“这是一个重要的洞察！”我说。我意识到佐伊身上有了新的尊严。

> 当你告诉我，我不在乎你时，我伤害了你，一些东西打开了，我以不同的方式重新看待一切。起初，我觉得这很可怕。我认为我是个混蛋。你一直是那个最善良、最稳定的人，我伤害了你。我想过自杀，但我知道那样会证明我是个混蛋。
>
> 接下来，我停止攻击自己。我被一种平静和悲伤的感觉征服了。我明白它是从哪里来的。一切都说得通了。我觉得自己很微不足道，我想其他人也会这样看待我。告诉我，我伤害了你，让我看到我影响了你，你也关心我。在某种程度上，我知道这听起来很糟糕，因为我没有把

你当成一个人。我把你看成是一名护理员。

我说："告诉我这些，需要真正的勇气。"佐伊沉默了一会儿，说："请问……在你进行分析的时候，转变是这样发生的吗？它们是几年后突然发生的？还是逐渐发生的？"佐伊坦诚相见，在我面前展示了她内心深处的脆弱。我认为，这表明她真的相信了我不会抛弃她。

我告诉她在分析过程中，有些时候一切会突然变得清晰起来。我很幸运能在精神分析中继续和她一起度过这样的时光。

在结束这次治疗会谈之前，佐伊说："想象一下，如果你没有告诉我，我伤害了你。"

佐伊后缘的解决激活了她健康的自体，让她对怎样活下去感到好奇。从那时起，她就和我一起待在密友体验里，表现出自体在进步的迹象。她允许自己自由地渴望她想要的东西。她不为我表演，我也不为她表演。我们更自由地做自己，我们也更放松了。

我记得在我们对峙几个月后，标志着这种转变的那一刻，佐伊所在社团的另一位领导——也是她的朋友——自杀了。毫无疑问，第二次自杀是受第一次影响的。悲伤降临在佐伊和她的朋友们身上。佐伊没有掉入深渊，而是保持在悲伤的深渊之外。她说："我对这种制度性的不公正感到愤怒，对这个让她难以生存的世界感到愤怒。我很生气，一个贫穷的女人不得不努力工作赚钱、剪头发、解读塔罗牌，但仍然无法获得心理保健。我公开谈论过这件事，它真的感动了人们。"

我说："你把你的愤怒变成了行动的呼吁。"

佐伊说："很奇怪，我不知道她是怎么自杀的，也没有去问。

我想知道的是她为什么自杀，而不是她怎样自杀。”

想知道为什么，而不是怎样，是一种重生、一种复活。佐伊已经打破了和那个自杀女人的联系，准备和我一起做一个充实活着的女人。佐伊不再有兴趣去追溯这个自杀女人走向死亡的过程。佐伊想知道为什么这个女人觉得她没法求助，为什么她没能获得资源，以及我们作为社会的一分子如何可以做得更好。佐伊并不是想找到自杀的办法，她一直在想办法活下去。她摆脱了她体验的后缘，抵抗住了走向坟墓的诱惑，准备在活着的人中间争取一席之地。佐伊和我一起体验着密友体验，这让她不再是想要自杀的人。在广阔的空间里，她可以放心地拓展自己的好奇心、同情心和关爱。

总结

一行禅师说：“没有泥巴就没有莲花。”盛开的花朵从泥中生长出来。同样，在精神分析治疗中，新关系的可能性是从旧的精神沼泽的淤泥中产生的。

佐伊和我共同创造了一个主体间场，一个由相互交织的部分组成的模糊而动态的系统，它汇集了一些最困扰我们内心的方面。主体间自体心理学把这个场，而不是孤立的心灵作为研究对象。分析师无法避免与病人共同创建、共同参与这个主体间场。佐伊和我都带来了一种特殊的主体性，这种主体性是我们组织自己经验和体验的方式。我们的主体性，我们的性格、创伤、成功、天赋和局限、希望和恐惧，都受到早期与照护者的情感体验的影响。

我们复杂的主观世界相互碰撞、共谋、互相赞扬并促进。我们对这个不断变化的场的理解提供了一种摆脱习惯性舞蹈的方式，并进入一种新的生活体验。

和佐伊一起站在悬崖边让我感到震惊，让我意识到了自己的后缘，我也从我自己的后缘中解脱出来，摆脱了过去创伤的重演。我以一种新的方式进入这段关系，改变了我们之间的场。我对佐伊更深刻的理解让她有了内在的力量和信心。一旦我的无力感和无助感减少，我就可以为她提供一种自杀之舞之外的替代选择。在一种具有建设性的前缘体验之中，我变得更值得信赖。我以母性呵护的形象出现，致力于提高佐伊的幸福感，并设定界限。这改变了她对我的体验，软化了她的怀疑和恐惧，改变了我和她之间的主体间场。最后，佐伊一直在寻找的那种赋予生命的可能性以我们无法预料的方式，使这个主体间场大为改观。

致谢

我要感谢佐伊允许我发表我们一起工作的故事。我非常感谢她有兴趣提前阅读本章，并提出自己犀利而敏锐的意见。我也很感激她愿意与我合作，寻找掩饰身份细节的方法，厘清那些重要而不能掩饰的细节。我们对精神分析工作的叙述感动了佐伊，她说她感到比以往任何时候都“更被人了解、理解和关心”。她选择了“佐伊”这个名字，因为它听起来很酷。Zoe 在希腊语中是“生命”的意思。

参考文献

Alexander, F. (1950). Analysis of the therapeutic factors in psychoanalytic treatment. *The Psychoanalytic Quarterly*, 19: 482–500.

Atlas, G. & Aron, L. (2018). *Dramatic Dialogue*. London and New York: Routledge.

Atwood, G. & Stolorow, R. (1984). *Structures of Subjectivity*. New York: Routledge.

Bacal, H. A. (1985). Optimal responsiveness and the therapeutic process. *Progress in Self Psychology*, 1: 202–227.

Bacal, H. A. (1990). The elements of a corrective selfobject experience. *PsychoanalyticInquiry*, 10(3): 347–372.

Bacal, H. A. & Thomson, P. G. (1996). The psychoanalyst's selfobject needs and the effect of their frustration on the treatment: A new view of countertransference. Progress *in Self Psychology*, 12: 17–35.

Carroll, L. (1865). *Alice's Adventures in Wonderland*. New York: Simon & Shuster, 2000.

Elson, M., Ed. (1987). *The Kohut Seminars: On Self Psychology and Psychotherapywith Adolescents and Young Adults.* New York: W. W. Norton.

Freud, S. (1895). The psychotherapy of Hysteria. In J. Strachey (Ed.). *Studies in Hysteria,* pp. 255–288. New York: Basic Books.

Freud, S. (1912). Papers technique. The dynamics of transference. *The Standard Edition,* 12: 97–108.

Freud, S. (1914). On narcissism. *The Standard Edition,* 14: 67–104.

Freud, S. (1917). Mourning and melancholia. *The Standard Edition,* 14: 237–258.

Geist, R. (2015). Conversations with Paul. *International Journal of PsychoanalyticSelf Psychology,* 10(2): 91–106.

Gottman, J. (1999). *The Seven Principles for Making Marriage Work.* New York: Crown Publishers.

Greenson, R. (1967). *The Technique and Practice of Psychoanalysis, Vol 1.* NewYork: International Universities Press.

Hagman, G. (1995). Mourning: A review and reconsideration. *International Journalof Psycho-Analysis,* 76: 909–925.

Hagman,G. (2017). *NewModels of Bereavement Theory and Treatment: NewMourning.* London: Routledge.

Hendrix, H., Hunt, H., Hannah, M. & Luquet,W. (2005). *Imago Relationship Therapy: Perspectives on Theory.* San Francisco, CA: Jossey-Bass.

Jeanicke, C. (2015). *The Search for a Relational Home.* London and New York: Routledge.

Johnson, S. (2004). *The Practice of Emotionally Focused Couple Therapy: Creating Connection.* New York: Brunner-Routledge.

Kasoff, B. (1997). The self in orientation: Issues of female homosexuality. *Progress in Self Psychology*, 13: 213–230.

Kernberg, O. (1975). *Borderline Conditions and Pathological Narcissism.* New York: Jason Aronson.

Kohut, H. (1959). Introspection, empathy, and psychoanalysis—An examination of the relationship between mode of observation and theory. *Journal of the American Psychoanalytic Association*, 7: 459–483.

Kohut, H. (1971). *The Analysis of the Self: A Systematic Approach to the PsychoanalyticTreatment of Narcissistic Personality Disorders.* New York: InternationalUniversities Press.

Kohut, H. (1977). *The Restoration of the Self.* Madison, CT: International Universities Press.

Kohut, H. (1979). The two analyses of Mr. Z. In P. H. Ornstein (Ed.). *The Search for the Self: Selected Writings of Heinz Kohut: 1978–1981, Vol. 4*, pp. 395–446. Madison,CT: International Universities Press.

Kohut, H. (1981). Introspection, empathy, and the semi-circle of mental health. InP. Ornstein (Ed.). *The Search for the Self: Selected Writings of Heinz Kohut:1978–1981, Vol. 4*, pp. 537–567. New York: International Universities Press, 1991.

Kohut, H. (1984). *How Does Analysis Cure?* Chicago, IL: University of Chicago Press.

Kohut, H. (1996). *The Chicago Institute Lectures.* P. Tolpin & M. Tolpin (Eds.).Hillsdale, NJ: The Analytic Press.

Kohut, H. (2010). On empathy: Heinz Kohut (1981). *International Journal of PsychoanalyticSelf Psychology,* 5(2): 122–131.

Lachmann, F. (2001). *Transforming Narcissism: Reflections on Empathy, Humor, and Expectations.* New York: The Analytic Press.

Leone, C. (2008). Couple therapy from the perspective of self psychology and intersubjectivitytheory. *Psychoanalytic Psychology,* 25: 79–98.

Leone, C. (2018). Response to MacIntosh's review and discussion of the psychoanalyticcouple therapy journal literature: A self psychological, intersubjective perspective. *Psychoanalytic Inquiry,* 38(5): 387–398.

Lessem, P. & Orange, D. M. (1993). Emotional bonds: The therapeutic action of psychoanalysisrevisited, Unpublished Manuscript as cited In: OptimalResponsivenessand Analytic Listening, by H. Bacal (1997) *Progress in Self Psychology, Vol. 13.* Ed.A. Goldberg. Hillsdale, NJ: The Analytic Press.

Livingston, M. S. (2007). Sustained empathic focus, intersubjectivity, and intimacy in the treatment of couples. *International Journal of Psychoanalytic Self Psychology,* 2(3): 315–338.

Mahler, M., Pine, F. & Bergman, A. (1975). *The Psychological Birth of the HumanInfant.* New York: Basic Books.

Miller, J. (1985). How Kohut actually worked. *Progress in Self Psychology,* 1: 13–30. Hillsdale, NJ: The Analytic Press.

Miller, J. (1996). *Using Self Psychology in Child Psychotherapy.* Hillsdale, NJ: JasonAronson.

Mitchell, S. (1988). *Relational Concepts in Psychoanalysis.* Cambridge: HarvardUniversity Press.

Mitchell, S. (1993). *Hope and Dread in Psychoanalysis.* New York: Basic Books.

Orange, D. M. (2011). *The Suffering Stranger: Hermeneutics for Everyday ClinicalPractice.* New York: Routledge.

Orange, D. M., Atwood, G. & Stolorow, R. (1997). *Working*

Intersubjectively: Contextualism in Psychoanalytic Practice. Hillsdale, NJ: The Analytic Press.

Ornstein, A. (1974). The dread to repeat and the new beginning: A contribution to the psychoanalysis of the narcissistic personality disorder. *Annual of Psychoanalysis,* 2: 231–248.

Ornstein, A. (1984). The function of play in the process of child therapy:A contemporary perspective. *Annual of Psychoanalysis,* 12: 349–366.

Ornstein, A. (1991). The dread to repeat: Comments on the working-through process in psychoanalysis. *Journal of the American Psychoanalytic Association,* 39: 377–398.

Rado, S. (1933). The psychoanalysis of pharmacothymia (drug addiction). *The Psychoanalytic Quarterly,* 2: 1–23.

Ringstrom, P. (1994). An intersubjective approach to conjoint therapy. InA. Goldberg (Ed.). *Progress in Self Psychology,* 10: 159–182.

Shaddock, D. (1998). *From Impasse to Intimacy: How Understanding UnconsciousNeeds Can Transform Relationships.* Northvale, NJ: Jason Aronson.

Shane, E. & Shane, M. (1990). Object loss and selfobject loss: A consideration of self psychology's contribution to understanding mourning and the failure to mourn.*Annual of Psychoanalysis,* 18: 115–131.

Shane, W. (1996). Discussion of 'A self psychological approach to child therapy: A case study'. *Progress in Self Psychology,* Chapter 11, 12: 201–206.

Shelby, R. D. (1994). Homosexuality and the struggle for coherence. *Progress in Self Psychology,* 10: 55–78. Hillsdale, NJ: The Analytic Press.

Shelby, R. D. (1998). The self and orientation: The case of Mr. G. *Progress in Self Psychology,* 13: 181–202. Hillsdale, NJ: The Analytic Press.

Simmel, E. (1948). Alcoholism and addiction. *The Psychoanalytic Quarterly,* 17:6–31.

Solomon, M. (1988). Treatment of narcissistic vulnerability in marital therapy. InA. Goldberg (Ed.). *Progress in Self Psychology,* 4: 215–330.

Stark, M. (1999). *Modes of Therapeutic Action.* New York: Jason Aronson.

Stern, D. (1985). *The Interpersonal World of the Infant.* New York:

Basic Books.

Stolorow, D. & Stolorow, R. (1987). Affects and selfobjects. In R. Stolorow,G. Atwood & G. B. Brandchaft (Eds.). *Psychoanalytic Treatment: An IntersubjectiveApproach,* pp. 66–87. Hillsdale, NJ: The Analytic Press.

Stolorow, R. (1995). An intersubjective view of self psychology. *Psychoanalytic Dialogues,* 5: 395–396.

Stolorow, R. (1997). Dynamic, dyadic, intersubjective systems: An evolving paradigm for psychoanalysis. *Psychoanalytic Psychology,* 14: 337–346.

Stolorow, R. & Atwood, G. (1992). *Contexts of Being: The Intersubjective Foundationof Psychological Life.* Hillsdale, NJ: The Analytic Press.

Stolorow, R., Atwood, G. & Brandchaft, B. (1987). *Psychoanalytic Treatment: An Intersubjective Approach.* Hillsdale, NJ: The Analytic Press.

Stolorow, R., Atwood, G. & Brandchaft, B. (1994). *The Intersubjective Perspective.* Northvale, NJ: Jason Aronson.

Stolorow, R. D., Atwood, G. E. & Orange, D. M. (1999). Kohut and contextualism: Toward a post-Cartesian psychoanalytic theory. *Psychoanalytic Psychology,* 16(3): 380–388.

Strozier, C. (2001). *Heinz Kohut: The Making of a Psychoanalyst.* New York: Farrar,Straus and Giroux.

Teicholz, J. G. (2001). The many meanings of intersubjectivity and their implications for analyst self-expression and self-disclosure. *Progress in Self Psychology,* 17: 9–42.

Thelen, E. & Smith, L. B. (1994). *A Dynamic Systems Approach to the Developmentof Cognition and Action.* Cambridge, MA: MIT Press.

Togashi, K. (2009). A new dimension of twinship selfobject experience andtransference. *International Journal of Psychoanalytic Self Psychology,* 4: 21–39.

Tolpin, M. (1986). Self-objects and oedipal objects—A crucial developmental distinction. *Psychoanalytic Study of the Child,* 33: 167–184.

Tolpin, M. (1997a). Chapter 1: Compensatory structures: Paths to the restoration of the self. *Progress in Self Psychology,* 13: 3–19.

Tolpin, M. (1997b). The development of sexuality and the self. *Annual of Psychoanalysis,*25: 173–187.

Tolpin, M. (2002). Doing psychoanalysis of normal development: Forward edgetransferences. *Progress in Self Psychology,* Chapter 11, 18: 167–190. Hillsdale, NJ:The Analytic Press.

Tolpin, M. (2009). A new direction for psychoanalysis: In search of a transference of health. *International Journal of Psychoanalytic Self Psychology,* 4S(Supplement): 31–43.

Trop, J. (1997). An intersubjective perspective on countertransference in couples therapy.In M. Solomon & J. Siegel (Eds.). *Countertransference in Couples Therapy,* pp. 99–109. New York: W. W. Norton.

Ulman, R. B. (1987). Horneyan and Kohutian Theories of Psychic Trauma: ASelf-Psychological Reexamination of the Work of Harold Kelman. *American Journalof Psychoanalysis,* 47(2): 154–160.

Ulman, R. & Stolorow, R. (1985). The transference-countertransference neurosis in psychoanalysis: An intersubjective viewpoint. *Bulletin of the Menninger Clinic,* 49(1): 37–51.

Ulman, R. B. & Paul, H. (2006). *The Self Psychology of Addiction and Its Treatment,Narcissus in Wonderland.* New York: Routledge.

Walt Disney Productions. (1974). *The Sorcerer's Apprentice.* Burbank, CA: Disney Wonderful World of Reading.

Winnicott, D. (1955). Metapsychological and clinical aspects of regression within the psycho-analytical set-up. In L. Caldwell (Ed.). *Collected Papers*, pp. 278–294.New York: Basic Books, 1958.

Winnicott, D. (1965). *The Maturational Processes and the Facilitating Environment.* New York: International Universities Press.

译名对照表

Anna O	安娜·欧
Anna Ornstein	安娜·奥恩斯坦
Aviva Rohde	阿维娃·罗德
Bernard Brandchaft	伯纳德·布兰德沙夫特
Betsy Kasoff	贝琪·卡索夫
Carla Leone	卡拉·莱昂内
Charles B. Strozier	查尔斯·B. 斯特罗齐尔
Daniel Stern	丹尼尔·斯特恩
David Shaddock	大卫·沙道克
Donna Orange	唐娜·奥兰治
Doris Brothers	多丽丝·布拉泽斯
Ernst Morawetz	恩斯特·莫拉韦茨
Frank Lachmann	弗兰克·拉赫曼
George Atwood	乔治·阿特伍德
George Hagman	乔治·哈格曼
George Sheehan	乔治·希恩
Gordon Powell	戈登·鲍威尔
Harry Paul	哈里·保罗
Harville Hendrix	哈维尔·亨德里克斯

Heinz Kohut	海因茨・科胡特
Ignaz Purkhardshofer	伊格纳茨・普哈德斯霍夫
John Gottman	约翰・高特曼
Josef Breuer	约瑟夫・布洛伊尔
Joyce Slochower	乔伊斯・斯洛克豪尔
Jules Miller	朱尔斯・米勒
Karen Roser	凯伦・罗泽
Laura D'Angelo	劳拉・迪安吉罗
Leone	莱昂内
Louisa Livingston	路易莎・利文斯顿
Marion Solomon	马里昂・所罗门
Marian Tolpin	玛丽安・朵缤
Martin Livingston	马丁・利文斯顿
May Swenson	梅・斯文森
Morton Shane	莫顿・谢恩
Nancy Hicks	南希・希克斯
Paul Ornstein	保罗・奥恩斯坦
Peter B. Zimmermann	彼得・B. 齐默尔曼
Philip Ringstrom	菲利普・林斯特罗姆
Robert Stolorow	罗伯特・史托罗楼
R. Dennis Shelby	R. 丹尼斯・谢尔比
Stephen Mitchell	斯蒂芬・米歇尔
Sigmund Freud	西格蒙德・弗洛伊德
Sue Johnson	苏・约翰逊
Susanne M. Weil	苏珊娜・M. 威尔
Teicholz	泰丘兹
Trop	特罗普

致谢

本书的作者要感谢精神分析的创新者们，正是他们的工作，使本书的出版成为可能。他们是自体心理学的发明者和创始人海因茨·科胡特（Heinz Kohut）、罗伯特·史托罗楼（Robert Stolorow）和他的合作者乔治·阿特伍德（George Atwood）、伯纳德·布兰德沙夫特（Bernard Brandchaft）和唐娜·奥兰治（Donna Orange）。在一个被孤立思维范式所主宰的领域，尽管有许多反对的声音，他们还是发展并推动了主体间视角。玛丽安·朵缤（Marian Tolpin）对病人的看法基本上是充满希望且健康的，而不是可怕的和病态的。这让人们认识到了玛丽安·朵缤提出的心理发展和心理治疗中的前缘（forward edge）。在整本书中都可以感受到他们思想的深远影响。它们构成了作者沉浸其中的、具有建设性的、智力的主体间场。

本书作者对他们的病人和被督导者表示感谢，感谢他们与我们分享他们的世界，并参与到主体间的旅程中来。与被督导者的持续讨论为我们发展理念提供了智力论坛和情感支持。如果没有这种共同的承诺，本书就不可能完成。最后，我们认识到了我们自身持续的情感联系的重要性，这是我们每个人主体间生活的建设性前缘。我们与生活伴侣，以及与家人和朋友的关系，对我们与病人互动的能力来说是至关重要的。我们非常感谢我们的合作伙伴莫伊拉（Moira H.）、艾米（Amy P.）和 苏珊妮（Suzanne Z.），以及我们的孩子、家人和朋友，他们的爱和支持让我们能够全情投入到工作当中。

最后，彼得和哈里，以及所有贡献者都要对乔治·哈格曼（George Hagman）表示感谢，正是他的热情、学术严谨和在编辑方面的付出使这本书的出版成为现实。